U0258305

以新常识构筑家

HOUSE VISION

2013 TOKYO EXHIBITION

探索家1——家的未来2013

〔日〕原研哉＋HOUSE VISION 执行委员会——编著

张钰——译

中信出版集团 · 北京

目录

石元泰博拍摄的桂离宫外腰挂[1]前的石子小路

1 外腰挂：设有长椅的凉亭。——译者注

何谓 HOUSE VISION

原研哉
HARA Kenya

面向2050年以后

让我们把眼光放得略远一些，展望一下日本的未来吧，然后适当地运用资源、技术、才能和审美，设想一下如何实现这一未来。我们不能因经济停滞而淡忘了日本的文化。"二战"之后，日本作为工业国家走上了发展的道路，如今即将进入成熟期。现在到了产业升级的时代——不仅要生产产品，还要创造价值，要满怀自豪地探索一种全新的充实感。

对2050年的预测随处可见，在不断膨胀的亚洲经济中，日本的形势颇为不佳。亚洲占据全球消费市场的一半以上，新加坡和中国香港等金融中心依托亚洲经济的活力尽显繁荣态势，发展重心似乎转移到中国和印度之间，柬埔寨和老挝、缅甸一带。韩国形势尚可，美国这个移民大国对日渐衰落的欧洲不屑一顾，想方设法保持着自己的体面，而日本人口跌破一亿，65岁以上人口超过了40%。乍一看，着实令人不寒而栗。

但是，不必过早地下结论，认为老龄化社会就一定是死气沉沉的。我们冷静分析一下，在那些经验丰富、消费能力较高的成年人中，有着怎样的潜在市场和文化潜能呢？相对于新加坡等国家来说，日本拥有千百年的传统历史，看上去似乎是异彩纷呈的。只要合理地利用科学技术和创意资源，日本今后一定会创造出其他国家难以创造的价值。

HOUSE VISION尝试着将能源、出行、复合家电、成熟市场与审美资源的展示等多种可能性融于"家"中，并将这些可能性视觉化。未来社会高科技和生活美学交织糅合，HOUSE VISION将为您展现未来的潜能。

新御殿宽廊，自南向北望。出自石元泰博《桂离宫》

启发生活智慧的家

"家"的重点，不在于满足需求，而是在于如何启发"生活智慧"。需求总归是为了满足散漫的生活，若毫无节制地满足对享乐和低价的需求，可能会出现大量松散至极的身体和反应迟钝的大脑，这是很可怕的。

如今，日本的传统住宅已逐渐消失，消失的不仅仅是建筑物本身，还有与空间秩序相伴产生的身体秩序、行为举止，乃至感受力。隔扇、拉门、榻榻米美轮美奂，由此诞生了隔扇的开闭动作、言行举止、对他人的礼节和关怀等，形成了美感。如果将与野性或粗鲁相对立的秩序和精神称为文化，那么，家就是一种文化，将建筑和相关的行为举止、教养内涵融为一体。想要有一个高雅精致的未来，就必须摸索出引导身体和意识向合理方向发展的家，以作为精神装备。

在日本不远的未来，对"生"的认知将愈加深刻。可以了解自己的身体状况，预防疾病。可以顺利度过晚年，有工作能力，积极主动地生活，这将是不可或缺的修养。我们即将步入一个人自问晚年生活质量如何的时代。另一方面，"分享"这一概念也进将一步深化。经历了回归个体自由的时代，幸福的来源不再是独立的个人或家庭，我们将脱离这种利己主义，萌生共存才会带来富足和幸福的新意识。社区不是强制性的团体，而是人与人相互联系的感觉，人们互相支持着彼此多彩的生活。在这种感觉的驱使下，诞生了共用厨房、餐厅和咖啡馆，共有一个宽敞的公共浴室等构想，共享社区正向我们挥手走来。

上：坂茂设计的碳纤维椅子"SENSEWARE '09"　下：经年变化的木材

壁化的精致技术和闲寂情趣

企业参加HOUSE VISION，并相互感应对未来之家的构想，这一"未来生活研究会"颇具启发性。经预测，可将家电融为一体，合理地整合传感器和控制系统，即电视、空调、灯具可"嵌入墙壁"或"嵌入天花板"。届时，人们将不再强调方形箱体或圆形灯体的存在感，不再想方设法地遮掩，会出现可收纳在平直墙中的机器。当然会产生维修和更换方面的问题，即便如此，厨房里的冰箱、洗碗机、微波炉和烤箱也已经收纳到墙壁之中。给水槽和电磁加热器盖上盖子，水龙头也收纳起来，全平面厨房应运而生。维修和更换工作似乎将归于专业服务领域。

另一方面，虽然从理性上来说这些具备合理性，但人们内心深处仍在追求手感、味道和闲寂的情趣。因此，人们会在最小的空间内，摆放岁月愈久、味道愈浓的厚重木桌，也会更加重视那些不被收纳在墙壁里的物品——茶碗、茶杯、笔墨纸砚的品质。依照日本的审美观念，理想的生活是空无一物，在可见的地方放置最少的物品，故上文中描述的趋势是合情合理的。近年来，生活工艺风卷土重来，或许是与精致技术相对立的日本式感性东山再起了。

最小的空间内隐藏着的精密的传感器和信息终端，正在与人体信息和行为举止悄悄地对话。"家"是我们的寄身之所，与操作系统和云技术相对立，是高科技产业的另一块基石。

"智能"超越了简单的能源联系，升级为技术和感觉之间的联系，日本必须朝着这个方向前行。

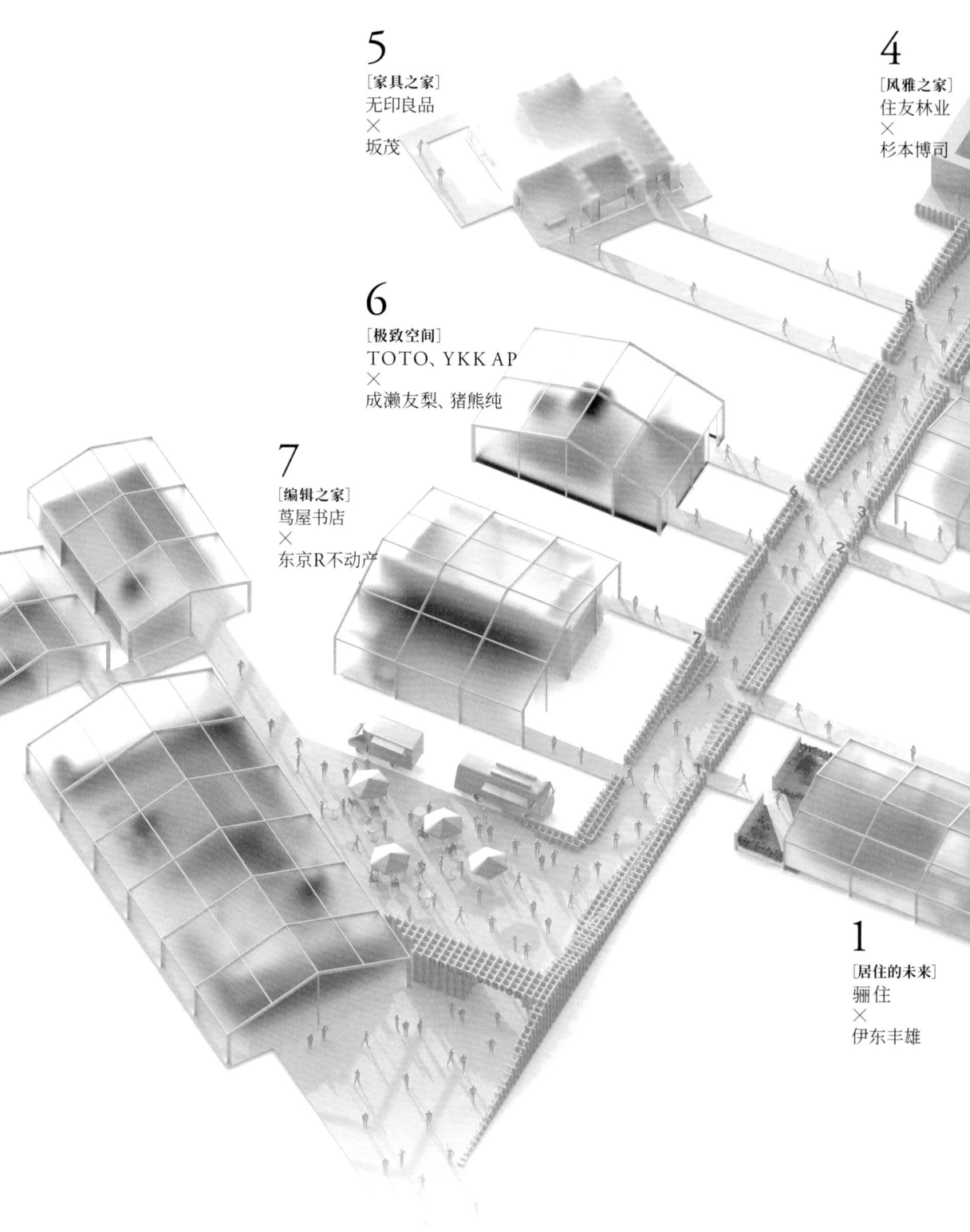

5
[家具之家]
无印良品
×
坂茂

4
[风雅之家]
住友林业
×
杉本博司

6
[极致空间]
TOTO、YKK AP
×
成濑友梨、猪熊纯

7
[编辑之家]
茑屋书店
×
东京R不动产

1
[居住的未来]
骊住
×
伊东丰雄

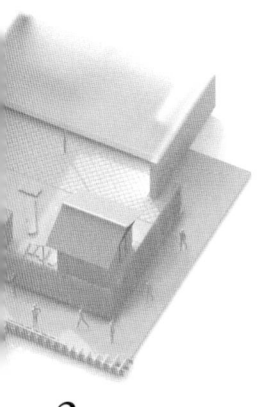

3

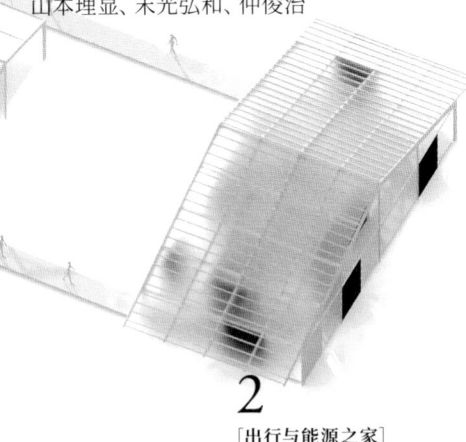

2

6个家和1个共享社区

从生产被称为"三种神器"(指汽车、彩电和空调) 的单体工业品, 到培养生活智慧, 在制造业范式的这种转变过程中,"家"成了重要的产业联结点。

进入全球化时代, 产业向亚洲乃至全球开放。日本作为大本营, 在应用科学技术之前, 首先让传统文化和生活美学发挥作用, 进而构筑未来社会。HOUSE VISION 2013东京展着眼于以自然的方式最大限度地利用成年人的智慧和经济能力, 从以下要点出发, 思考"家"的内涵, 并以具体的形式展现出来。

1. 思考高科技的、令人眷恋的未来之家。
2. 能源、移动性、居住空间无缝衔接。
3. 展示分享的可能性, 增强共生意识。
4. 将日本的审美观用作未来资源。
5. 培养自主打造住宅的能力。
6. 通过"纤细、精心、致密、简洁"的理念打造居住空间。
7. 对于建筑和不动产的再生利用,学习相关知识,培养能动性。

众多企业和建筑家参与了这项计划。最后提出了一个令人耳目一新的方案——6个家和1个共享社区。
"家"是创造高品质的"生"的场所。每一个人都应当自主地去打造一个居住空间, 既感到充实, 又心怀自豪感。期待这个项目能够引发一场小小的思想觉醒。

会场构想

原研哉
HARA Kenya

我们所构想的HOUSE VISION，是一处约15 000平方米的开放式空间。最初的计划考虑设计一个有屋顶的活动会场，后参考建筑家的意见——如果展览以家为主题，放在室外举办又何尝不可呢？于是我们在东京市内寻找候选场地，最终定在了青海站前那片宽阔的区域。

HOUSE VISION展示的是"家"，但并非竞技外观的建筑展，而是以展示内部空间为重心。因此，为了摒弃对外观的关注，基本结构采用了帐篷，既降低了成本，又集中呈现了内部空间。

此外，如果开放展馆内部，那么观展者比肩接踵时，会搞不清楚观看重点。因此，我们设定了清晰易懂的观展路线，并设计了横跨展馆中央的"观展桥"。

主通道如同整个会场的脊柱，只要回到这里，就能自由进入每一处展馆。

为达到循环利用的目的，供观展者通过的主通道和观展桥都直接采用了截面为10.5厘米的方柱，尽可能不予加工。还用同样的素材设计了通道的侧壁、座椅、主厅的活动会场、书店以及图书馆。公共空间由隈研吾先生操刀设计，展现了美轮美奂的交错木结构的会场景观。

因所有展馆都须在两周以内完工，想要以理想的状态展示绿苔和植物自然繁密的景象，是不具备足够的条件的。但是，为使观展者移动一下脚步就能体验到同实物等大的家，在具体化这一点上，我们没有一丝一毫的妥协。

你若建好，他自会来

2013年2月9日　　　　原研哉
　　　　　　　　　　　HARA Kenya

我们在台场青海町的一片约为15 000平方米的场地上，开始搭建展览会场。大小如棒球场，在此铺设了沥青，准备了两台起重机。先铺满铁板，为帐篷和建筑物打好地基。铁板的焊接和组装是在现场完成的，焊接时火星四溅。在没有屋顶的地方规划如此大规模的展览，我还是初次体验。迄今为止，即使举办大型展览会，也都是直接使用博物馆等既有的展示空间，因此，很期待从零开始创建一个展览会场。寻找会场的时候，我对台场的这块场地一见倾心，心想"啊! 就是这儿了!"但是，建筑设备正式动工后，我却忐忑起来。

在影片《梦幻成真》(Field of Dreams)中，主人公行走在玉米田里，突然听到一个神秘的声音说: "你若建好，他自会来。"他被这个声音所触动，像着了魔一样修建了一个棒球场。HOUSE VISION或许与此类似吧。平面设计师将以"家"为主题的展览规划在这样一个地方，冷静想一想，简直痴人说梦。然而，"他们"真的来了。骊住、本田、TOTO、YKK AP、无印良品、住友林业、茑屋书店，组织未来生活研究会的企业集团来了。还有伊东丰雄、杉本博司、隈研吾、藤本壮介、坂茂、成濑友梨、猪熊纯、东京R不动产、杉本理显、末光弘和、仲俊治，"他们"也来了。此外，还得到了经济产业省、环境省、国土交通省的

赞助。"他们"真是不计可数，总之，众多的企业、个人和组织都奔着这个构想而来。不止步于想象，而是将其具体化。今后会产生什么? 那是后话。然而，是什么使"HOUSE VISION"汇集了众多的合作伙伴? 是什么将继续悄声诉说"你若建好，他自会来"? 这是切实存在的。

"他们"，不仅仅是指参与展览的企业和建筑。也许，今后来这里观展的人，才是真正的"他们"。也许，这个地方会因络绎不绝的人群而热闹非凡。但是，展览会的成果并不在于观展人数。特别是为了追求一石激起千层浪，激发反对或共鸣，催生新的社会变化而举办的展览会，它的成果甚至不是对展览效果或启示的评价，而是以展览当日、当时为界，日本的走向可能发生了变化——50多年后，会有人意识到这一点。这种变化才是展览会的成果，才是"他们"的真实身份。

如今的日本，老龄化加剧，原本擅长的工业制造业逐渐被亚洲各国蚕食，人口也开始减少，只有超越单一的高速发展，直面复杂的问题，才能看到新发展的土壤。这个时代不仅要生产物品，还必须创造价值，"家"将成为一个重要的领域。

"你若建好，他自会来"。我对此坚信不疑，开工之际，重新整理思绪，整装待发。

会场搭建 2013年2月9日—18日

自下而上的射程

隈研吾
KUMA Kengo

建筑师、东京大学教授。生于1954年。
1979年东京大学研究生院工程学院建筑系毕业。
曾任哥伦比亚大学客座研究员，
自2001年起担任庆应义塾大学教授。
自2009年起担任东京大学教授。
主要作品有"森舞台/登米町传统艺能传承馆"
"水/玻璃""三得利美术馆"
"根津美术馆""歌舞伎座"等。
荣获日本建筑学会奖、
美国建筑学会Benedictus奖、
每日艺术奖等众多奖项。
主要著作有《负建筑》《相连的建筑》等。

右页：从入口眺望
会场内的主廊。

从分裂中拯救日本的居住空间

日本的住宅有两种形象。一种是极其纤细、简洁、柔和的住宅形象，被喻为世界上独一无二。面对周身狭小的空间，有人说，除了日本，没有一个国家能够赋予狭小空间如此丰富的感受。听到这样的评价，我不禁会心一笑。还有人说，在《源氏物语》、在千利休的茶室、在江户时代平民居住的"长屋"（一种日式集合住宅的形态）中，都延续着这种感性。这一说法也值得认同。

另一方面，我们也常听到外国朋友说，日本人到底怎么了？名为公寓的集体住宅，无论外观还是室内，都非常粗糙，让人丝毫体会不到对素材的感性，全然没有协调和品味可言。对于这种评价，我无言以对。当被人问到"日本的写字楼和文化设施还算可以，为何只有住宅变成这样"时我只能点头称是。究竟是什么原因造成了这种分裂呢？

布鲁诺·陶特访日时注意到日本建筑品质中隐藏的这种分裂。他称这是桂离宫、伊势神宫代表的天皇式的纤细与东照宫代表的武士阶层的低俗之间的对立。HOUSE VISION是一场运动，试图将日本的居住空间从这种分裂中拯救出来。最别具一格的是，它并非站在建筑师的角度上有计划地自上而下进行改造，而是从身边开始自下而上地进行。而且，这种自下而上并没有停留于此，而是试图改变日本居住空间的整体，进而引发全球居住空间的一场革命，这一远大的志向站在了前所未有的视角上，拥有空前广阔的射程范围。原研哉先生是将这种方法论带到日本设计界的第一人。

HOUSE VISION的会场构成

HOUSE VISION会场整体像一座"桥"。跨过这座"桥",就能从东京冷寂的现实中脱身而出,进入HOUSE VISION呈现的另一个"质"中。我们不想让这个地方成为过多沾染现实色彩的住宅展示场所。希望大家怀着纯净透明的心情进入这个住宅空间,宛如跨过那座桥,去参拜伊势神宫的内宫一般。

桥的材料采用了截面为10.5厘米的杉木,是尺寸最为标准的方材,它像"米"支撑着人体一般,支撑着日本的木制建筑。对这些"米"不经繁复加工,只将它们一根一根地堆砌成桥。采用这种方法,可以轻而易举地将杉木复原成"米",然后重复利用于其他桥梁或建筑当中。伊势神宫每隔20年期维修一次,建筑材料不会丢弃,而是运到全国各地的神社中循环利用。若这种循环利用以此桥为起点,把杉木方材作为接力棒传递下去,那该多了不起啊! 正如HOUSE VISION的理念不断传承下去一样,这些杉木也从一个人传递给另一个人,从一个地方传递到另一个地方。

从这种意义上来说,这也是对20世纪工业化社会的主角——混凝土的一种批判。混凝土一旦浇筑固定,就会变成沉重而不可移动的硬块,一去不复返。日本人自古厌恶这种物质,青睐轻盈的木制建筑,不断地改进,精益求精,创建出一种清凉的居住空间。HOUSE VISION的目的之一,就是改善工业流程。

右页上: 从主廊眺望大厅
右页下: 活动大厅"PAROLE"的内部
020-023页: 主廊和展馆

1

居住的未来——思考令人眷恋的未来之家

BEYOND THE RESIDENCE - Imagining a Home for the Nostalgic Future.

空气中飘浮着雨水的气息和花草的香味，
在这个未来之家，可以重拾檐廊和土间[1]生活。
土间中安设了烤肉桌，晴好的日子里，
同家人朋友欢聚一堂，一边呼吸着室外的空气，
一边用炭火烧烤食物。
还可以一边观赏自然美景，一边在高能效的
舒适空间中放松心情，宛如生活在地窖中。
在那里，可以随心所欲地调节电影或音乐的音量，
也可以安安静静地沉浸在阅读或其他兴趣中。
这个方案将打造一种有张有弛的生活环境。
日本3·11大地震过后，建筑师伊东丰雄试图重新
审视日常生活中朴素的幸福，将家从起居室、卧室、
餐厅、厨房这些空间的束缚中解放出来，
坦诚地发问：如何才能过得安心充实？
与此同时，使那些令人怀念、却又颇具未来性的
生活用语具象化。高密封性、高隔热性的结构和
建筑材料，卫生间等用水场所，厨房……从实际生活
出发来思考生活方式，是骊住独具匠心的方案。

1　土间：传统的日本住宅中，有一块较室内低一阶，和地面相连的区域，即土间。

地炉烹饪餐桌

大家欢聚一堂，边烤边吃，得以如此，夫复何求。
美味的秘诀是围坐在炉火和美味的旁边。
土间中放着地炉烹饪餐桌，近距离感受大自然的同时，
享受美妙的用餐过程。

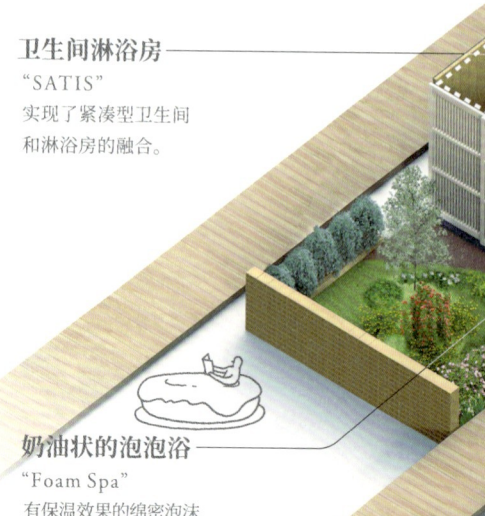

卫生间淋浴房

"SATIS"
实现了紧凑型卫生间
和淋浴房的融合。

奶油状的泡泡浴

"Foam Spa"
有保温效果的绵密泡沫，
令人心情愉悦。
可以一边读书、观景，一边沐浴。

可调节光和风的门

"可动式纵向百叶窗"样品
遮挡周围的视野，遮蔽强烈的阳光，
为土间注入舒适的凉风。

水边的小屋

延伸到半露天空间的水边。
感受户外的空气和阳光，
度过轻松惬意的时光。

连接室内外的窗
"SAMOS II"
大玻璃窗给人以开放感，
足不出户，却如同置身室外。
隔热性强，全年保持舒适的室温。

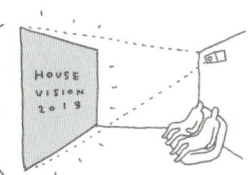

起居室

闭居窖
这是一个可以让人沉浸在兴趣里的空间。
具备良好的隔热性和湿度调节功能，
舒适的室内环境。
隔音效果也很好，可以看电影、听音乐、
阅读，沉浸在自己的兴趣中。

闭居窖

土间

保持舒适湿度的瓷砖
"ECOCARAT 伊康家室内呼吸砖"
可吸收或释放空气中的水分，
保持稳定的室内湿度，
实现无空调生活。

一贴就舒适的隔热材料
"EcoEco"
只需贴到墙上，就能增强隔热性。
厚度仅有12毫米，
不会占用空间。

普通的隔热材料　　"Eco Eco"

土间
是一个半露天空间，
把自然和人联系在一起。
这里通风、采光良好，
令人心旷神怡。
也是一个可供近距离
交流的地方。

在自家庭园种植蔬菜
"素烧花盆"样品

可供和衣而卧的檐廊和条凳
"EDS:Ecology Diversity Synergy"
檐廊和条凳采用经过特殊加工的烟熏竹，
不易破裂。

享受用水的乐趣
"Navish 非接触式水龙头"

可洒水的半露天空间
"保水性瓷砖"样品

直火烘烤、
烹制美味的炉

纳凉墙
"被动冷却墙壁"样品
通过洒水，蒸发墙壁吸收的水分，
从而降低墙壁周围的温度。

重现惬意的日式住宅

伊东丰雄
ITO Toyo

建筑师，生于1941年。
1965年毕业于东京大学工程学院建筑系。
1971年成立 Urben Robot。
1979年更名为伊东丰雄建筑设计事务所。
主要作品有仙台传媒中心、
"TOD'S表参道大楼"、
多摩美术大学图书馆(八王子校区)等。
曾荣获日本建筑学会奖、
英国建筑师皇家学会皇家金质奖章、
威尼斯国际建筑展"金狮奖"等众多奖项。
近期著作有《建筑，从那一天开始》等。

仙台市宫城野区的大众之家
2011年日本3·11大地震后修建的
供当地人欢聚的空间。
修建者和居住者深入交谈后，
一同合作修建。

在东日本大地震灾区，体验理想之家

此次提出一种未来之家的方案，将整个空间的一半左右设计成半露天的土间和檐廊，令人心生怀念之感。这一构想的灵感来源于日本3·11大地震后重建家园的珍贵体验。

我到灾区后，感觉最矛盾的就是临时安置房。都说从杂居共枕的避难所搬到临时安置房后，环境会好一些，果真如此吗？从"二战"后西式的隐私主义来看，或许环境真的会好一些，但是，那些至今为止从未体验过城市生活的老人当中，感言"更喜欢避难所，大家可以一起聊天、一起吃饭"的大有人在。把人与自然的关系、人与人心灵的羁绊看得比隐私更加重要，对于这样的人来说，临时安置房是狭小的，更是残酷的。我们开始思考，能否提供一个可供更多人把酒言欢的空间呢？"大众之家"因此而诞生了。

这里就像一个共享小屋，并非单方向的给予，而是和住在这里、生活在这里的人促膝长谈，了解大家的愿望，然后一同其乐融融地建造这个家。采用这种方法，不仅有了檐廊和土间，还不必像城市建筑一样应对外部环境，房子也就自然而然地展示出了和大自然的亲近感。就像人的成长一样，建筑自然完成，住在这里的居民也说"真是太舒适了"。这才是建筑的理想状态，它是如此光彩夺目，以至于我自己看到时也禁不住想"建筑竟然这般美妙，过去的几十年我都做了些什么呀！"有了这样的经历，我开始思考城市住宅或许可以更加贴近自然，于是就有了这一个方案。

土间示例: 即将土夯实后形成粗糙的地面。
适合干农活或煮饭，补全了住宅在生活方面的功能。
（设计: 建筑工房邑）

檐廊示例: 和土间一样, 檐廊常见于过去的日本住宅中。
这里通风、采光良好, 令人心旷神怡。
也是一个供街坊四邻近距离交流的地方。
（设计: 铃木喜一建筑计划工房）

日语式建筑

自古以来，日本建筑的内外分界就是模糊不清的，房间之间也没有严格意义上的隔断。但是，受西方建筑的影响，日本建筑的分隔逐渐清晰起来。对于这种变化，我着实无法接受，总想建造出一种更加柔和的建筑。

最近国外工作较多，经常请口译人员帮忙翻译。有时，我的发言明明是隐晦不清的，而翻译出来却是斩钉截铁。一方面，我非常感激口译人员替我讲得清清楚楚，另一方面也能感觉到这和我内心想法的差异。不同的语言，词句有不同的个性，日语为词句赋予了余韵和丰富的含义，讲话时自然而然就变得柔和了。日本人温和的性格也和语言关联颇深，我感觉就连空间感也是语言造就的。

我常将此比作"涟漪"，词语像扔石子一般脱口而出，衍生出各种含义，如同激起了层层涟漪。又说出一个词语，涟漪和涟漪相接，荡开了更广阔的空间。我想要建造的，正是这种没有明确限制的建筑。

近来，即使在城市中，也有越来越多的人想拥有更开放的空间，想追求超越个人或家庭的关系，甚至有不少年轻人想要从城市搬到农村，从事农业工作。如此一来，室外和室内、房间之间分隔清晰的现代住宅就不得不做出一些改变了。

之所以在展出的土间中摆放了可供烧烤的地炉烹饪餐桌、炉灶、条凳，以及家庭菜园中使用的花盆，也是为了重拾那种亲近大自然的生活方式。

展览的土间中放置的
地炉烹饪餐桌。
可谓现代版的地炉，
一边近距离感受大自然，
一边享受烹饪和用餐的乐趣。

围炉烧烤：怀旧风地炉。

同一种蔬菜，用炭火烧烤不仅能激发出食材的鲜味，使食物更加可口，还能和亲朋好友围坐在一起，一边望着炭火，一边等待天赐美食。

不必终年居于一处

当代住宅，是综合考虑了一年中最热和最冷的时节而设计的。但在一年之中，这种极端的日子加起来也不满一个月。换言之，恐怕一年有300天以上都在浪费能源。与其如此，还不如在更接近大自然的环境中生活，打造一个宽松的环境——虽然白天炎热，但夜晚可以一边遥望美妙的星空，一边随意安睡。这样既节约能源，还能生活得妙趣横生，多姿多彩。

望着我养的小狗，它像我小时候在乡下时那样，随着季节和时间段自由自在地选择睡觉的房间。它奢侈的生活，令我感叹不已。其实，即便维持现在的空间，我们也能过上这种奢侈的生活。没有必要一年四季都睡在同一个房间里。在城市中的任何一处公寓，都能体验这种丰富多彩的生活方式。

顺便提一句，此次建在角落里的地窖，可躲避外界令人难以忍受的酷暑严寒，冷暖气设备齐全，密封性和隔热性也很好，可在里面看电影、听音乐，不必担心漏音。看来，只要管好封闭空间，开放空间的自由度也会进一步增大。

明治时代以后，日本舍弃了原本与自然之间多彩的关系和文化传统，走上了近代化的道路。即便如此，我们的潜意识里仍旧留有过去的印迹。一骨碌地躺到榻榻米上，或泡在大浴缸里，年轻人也会觉得很舒服吧。这是欧洲人绝对无法体会到的感觉。只要在生活中重现这种感觉就可以，并非难于登天之事。灾区的人们使我明白了这个道理，未来建筑将从灾区开始萌芽。我们能否将日本3·11大地震作为改变日本的契机，甚至作为改变日本的推动力呢？

基于这种想法，我提出了"令人眷恋的未来之家"。

地窖示例: 自古以来，日本人都会把重要的东西存放在地窖里，
需要时才拿出来使用。由于地窖的存在，
日常生活的空间得以保持开放。
而且地窖还有一个优点，那就是具备防火性能，同时维持稳定的湿度和温度。

方案——1

居住的未来——思考令人眷恋的未来之家
BEYOND THE RESIDENCE - Imagining a House for the Nostalgic Future

骊住×伊东丰雄
ITO Toyo

提供综合的"生活方式"

藤森义明 │ 骊住 董事长 兼 CEO
FUJIMORI Yoshiaki

骊住

从住宅的新建和翻修，到公共设施，
通过优质的产品和服务，
提供高附加值的综合性解决方案。
2011年4月，
通世泰（TOSTEM）、伊奈（INAX）、
新日轻、三维浦（SUNWAVE）、
庭思（TOEX），这几个顶尖品牌合作成立了
综合住宅生活公司。
以企业口号"建立通往美好生活的纽带"为本，
为全人类富足舒适的未来生活做贡献，
以此为理念开展企业活动。

从内改变居住空间

骊住由5家住宅设备和建材公司合并而成。

为何这些公司要合而为一呢？是为了向住户提供一种符合各自生活方式的丰富舒适的空间，即提供一种综合性的"生活方式"，而不仅仅是一个厕所、厨房或窗框。今后，希望从住宅设备公司的独特视角出发，从内部开始，改变我们的家。

去年建在东京新宿的展厅，展示的正是我们想要实现的未来。展厅占据一座大厦的其中两层，接待处设在上层，这一层展示了各式各样的"空间"，如孩子成年后的夫妻住宅、育儿阶段的家庭住宅等。移步到下层，可以参观上层住宅中的所有室内外装饰材料、设备、门窗等建材。

近来，日本面临少子老龄化、环境问题等众多课题，被戏称为"课题发达国家"，再加上3·11大地震后的核泄漏事故，日本越发成为全球问题最严重的国家。如今，人们的能源观念发生了巨变，在此现状下，我们想创建一种与地球环境相协调的新式住宅。被动式结构和智能系统可以解决这个问题。只要日本开发出一种兼备这两者的住宅形式，就一定会在全世界广泛传播。

过去，全体国民一齐谋求经济的发展，而今后，每个人都应该追求自己在住宅生活中的内心充实感。这种充实感，难道不是将日本的传统文化和技术革新完美融合的结果吗？

生活愈富足，翻修愈普遍

鉴于上文中的观点，今后我们要在翻修上加大力度。我认为，2013年会成为"翻修元年"。在日本，新建建筑和翻修的比例只有7∶3，而欧美国家已经达到了2∶8左右。我在美国居住过很长一段时间，当地人总是在翻修自己的家，不断地完善这个生活舞台。今后，日本的"团块世代"（指日本在1947—1949年之间出生的一代人）也要开始思考自己最终的归宿了，如果有很多人把家翻修得焕然一新，那么就会有更多人在亲眼所见之后，感受到翻修的魅力，进而会一石激起千层浪吧。骊住通过建材、设备来帮助人们翻修，为丰富的住宅生活贡献着一己之力。对于这一点，我深信不疑。

此次，伊东丰雄先生针对城市独栋住宅和公寓，提出了大胆的翻修方案。这和我们的想法不谋而合，即融合日本传统和最新技术，打造一种与环境相协调的住宅。因此，双方合作得非常

骊住在2012年米兰国际家具展上
发布的"Foam Spa"概念图。
提出一种新的沐浴方案，
用温和绵密的奶油状泡沫包裹全身，
我们将其称作"泡泡浴"。

默契。会场内装满了有效利用自然元素的材料和构件，如透气性良好的可降温空心砖、可随意调节光线和风力的百叶窗等。另外，还展示了一种可以边呼吸户外的清新空气，边享受泡泡浴的新式浴缸。希望观展者亲身感受到，在城市中也能拥有亲近大自然的生活，进而能在打造居住空间时得到些许启示。

2

出行与能源之家

HOUSE OF MOBILITY AND ENERGY

本田能源系统高效地控制太阳能和天然气发电、
蓄电以及废热发电，并将其视觉化。
通过发电、蓄电、热循环，合理使用能源，
为步行辅助工具以及坐着即可自由移动的
新型移动工具——"UNI-CUB"提供能源，
今后还会为电动摩托以及电动汽车供能。
建筑师藤本壮介先生将这种能源供给
和移动之间的无缝衔接以"家"的形式展示了出来。
此次提出了"家"的方案，"家"并非将外部和内部、
公共和个人隔开的庇护所，而是通过三层式的层状结构，
将内部和外部分层次地融会贯通，
形成一种重叠和连续式的新型空间。
汽车自然而然地融入家中，承载了家的部分功能，
成为更加私人化的移动工具，
为人们在家中的活动提供步行式辅助。
与此同时，从外到内、从内到外循环流通的空间，
使厨房、餐厅、浴室和小桌台等
功能性的配置流动变化起来。

从外到内，从内到外

三层结构交织而成的空间，
使厨房、餐厅、浴室和小桌台等
功能性的配置流动变化起来。

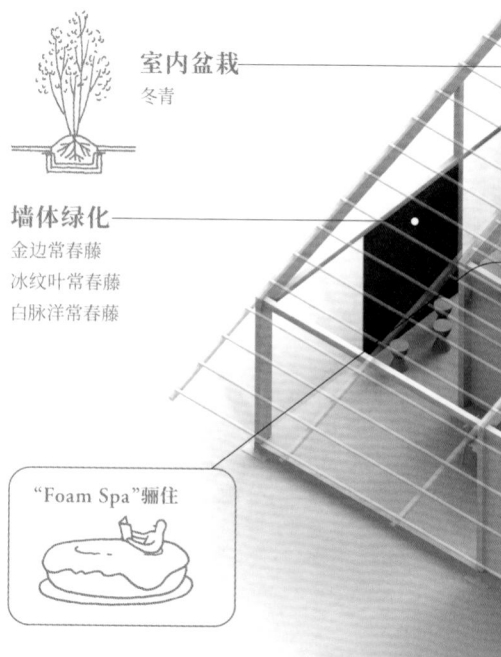

室内盆栽
冬青

墙体绿化
金边常春藤
冰纹叶常春藤
白脉洋常春藤

"Foam Spa"骊住

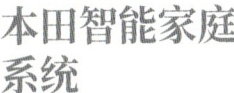

本田智能家庭
系统

能源自给自足, 多余的储存起来。
使家中的能源实现无缝式的循环利用。
一边用城市天然气或液化气发电,
一边供给热水和暖气, 还可结合太阳能发电储存电力。
蓄积的电力也可用来为移动工具充电。

近郊出行
[MICRO COMMUTER CONCEPT]

街区内的"微出行"
[MOTOR COMPO]

步行范围内的出行
[TOWNWALKER]

室内移动
[UNI-CUB]

楼梯/坡道辅助
[体重支撑型步行辅助器]

重新编织住宅和街区的关系

藤本壮介
Sou FUJIMOTO

建筑师, 1971年出生。
1994年毕业于东京大学工程学院建筑系。
2000年成立藤本壮介建筑设计事务所。
主要作品有"House N"
"武藏野美术大学美术馆、图书馆"
"House NA"等。曾获JIA日本建筑大奖、
世界建筑节个人住宅部门最优秀奖、
第13届威尼斯国际建筑双年展
"金狮奖"等多个奖项。

未来, 人与空间的界限遁于无形

借此展览, 我有幸参观了本田正在研发的几种新型移动工具。有以汽车、摩托车和"UNI-CUB"为代表的大小不一的个人移动工具、步行辅助工具等, 它们具有丰富的层次性, 我对此非常感兴趣。

这些展品引发了我的思考: 如果我们不再像过去那样把汽车等交通工具停在外面, 人们赤脚在家中走动, 而是将这两个空间略微交织在一起, 能否创造出如同本田展馆一样、可以感受未来生活的居住空间呢? 道路也是街区的一部分, 若能通过各式各样的移动工具把家和街区连接起来, 那不就可以编织出街区和家互相渗透的新型关系网了吗?

展馆的一半都是半露天的, 如同带屋顶的庭院。汽车和个人移动工具从这里进出。其中一部分用作能源站, 同时也是生活空间, 因此设计了宽敞的露台, 人们可以在这里用餐。

参观时, 我个人非常喜欢用步行辅助器。这样不仅扩展了人体能力, 还保留了人性化的动作, 令我不由自主地想到了赛博格 (义体人类)。我萌生出一种预感, 家具的概念今后会发生天翻地覆的改变。

今后, 若机器人技术进一步发展下去, 或许有一天, 类似于空气座椅的东西将会环绕在我们身边, 招之即来, 想坐就坐。而家具也能在家中四处移动, 至于家电, 也会在人们想用时飞快地来到身旁。通过人机对话, 奇妙的世界将不断蔓延, 人和家具、人和空间的边界将遁于无形。

全球首个搭载了全方位驱动车轮结构的
紧凑型个人移动工具——"UNI-CUB"。
无论前后左右还是斜向移动,动作都非常流畅,如同步行一样。
只需将身体重心向目标方向倾斜,即可自由自在地移动。

从"间"中窥见建筑的可能性

从北海道的乡村赴东京读书后，我开始思考家和街区的关系。东京街区的模样和我的老家有些相像，家和外面的界限模糊不清，可以自由探险。另一方面，东京住宅的四周尽是些小型建筑和看板，守护着里面的住宅，如同北海道的家，四周布满了杂树丛。也许，建筑的可能性可以从这种内与外、家与街区之"间"窥见一斑。

建筑应创造出一种封闭空间和开放空间的平衡状态。诚然，有些地方需要保护隐私，但全部都封闭起来的话，就毫无舒适性可言了。只有做到两者兼备，才能称得上是好建筑。

"House NA"采用非常精致的材料，打造了一整面的玻璃幕墙，乍一看给人非常前卫的感觉，其实住宅内部是非常舒适的。室内的地面由高低不同的小块地板铺设而成，坐在其

左: House N | 2008
由三个带孔箱体组合而成的套盒式住宅。
右: House NA | 2011
铺设高低不同的小块地板。

中，仿佛置身于人造草木丛。由于是玻璃幕墙，一层和街区近在咫尺，越往高处走，视线会因地板落差而被适当地遮挡，仿佛飘浮在太空之中。"House NA"墙壁稍多一些，同样尝试了对视线的控制。这两处住宅，街区和家之间的距离都恰如其分。

个人移动工具"UNI-CUB"的魅力在于和人体的融合感,
使人忘记正在操控它。视线与步行者同高,
因此可顺畅地与人交流。内部装有平衡传感器,稳定性非常强。

重新探索人类生活的本质

以便利的功能著称的现代住宅,在短短的一个世纪就完成了,这不过是对过去模糊不清的生活进行了梳理和配合而已。从功能性上讲,现代住宅更为舒适,但仅仅如此,未免显得乏味无趣。我想让建筑重拾生活原本的深度和乐趣。

最近,公共建筑和国外的项目越来越多,由于各地的建筑规模、气候、历史、文化等条件各不相同,涌现出了一批出人意料的建筑形式,饶有趣味。但是,这些建筑都是从"间"或舒适性出发去构思的,这一点和住宅异曲同工。我认为,怎样提出一个前所未有的方案并不重要,重点在于重新探索人类生活的本质,并将其巧妙地呈现出来。

20世纪初期提倡将事物简化。今后,随着计算机处理能力的提升,复杂的事物也可以维持秩序,家和街区的存在方式也会发生改变。人们已经开始注意到,比起棋盘一样整整齐齐的街区,花时间建成的老街或保留了原汁原味的曲折蜿蜒的小路,更加妙趣横生。未来的家和街区将融合更加多样的

位于贝尔格莱德的贝特哈拉滨水中心
的复合型建筑(正在设计)。
旋涡状的通道和巨大的屋顶广场融为一体。
可谓"与建筑毫无界限的街区"。

价值观,变得更加丰富多彩。

如果桌子和厨房操作台等高，
就可以乘着个人移动工具品茶聊天，
就像坐在吧台椅上一样。
或许，随着移动工具的普及，住宅形式也会慢慢改变。

方案——2

出行与能源之家
HOUSE OF MOBILITY AND ENERGY

本田 ✕ 藤本壮介
Sou FUJIMOTO

052—057、063页: 摘自展馆"出行与能源之家"

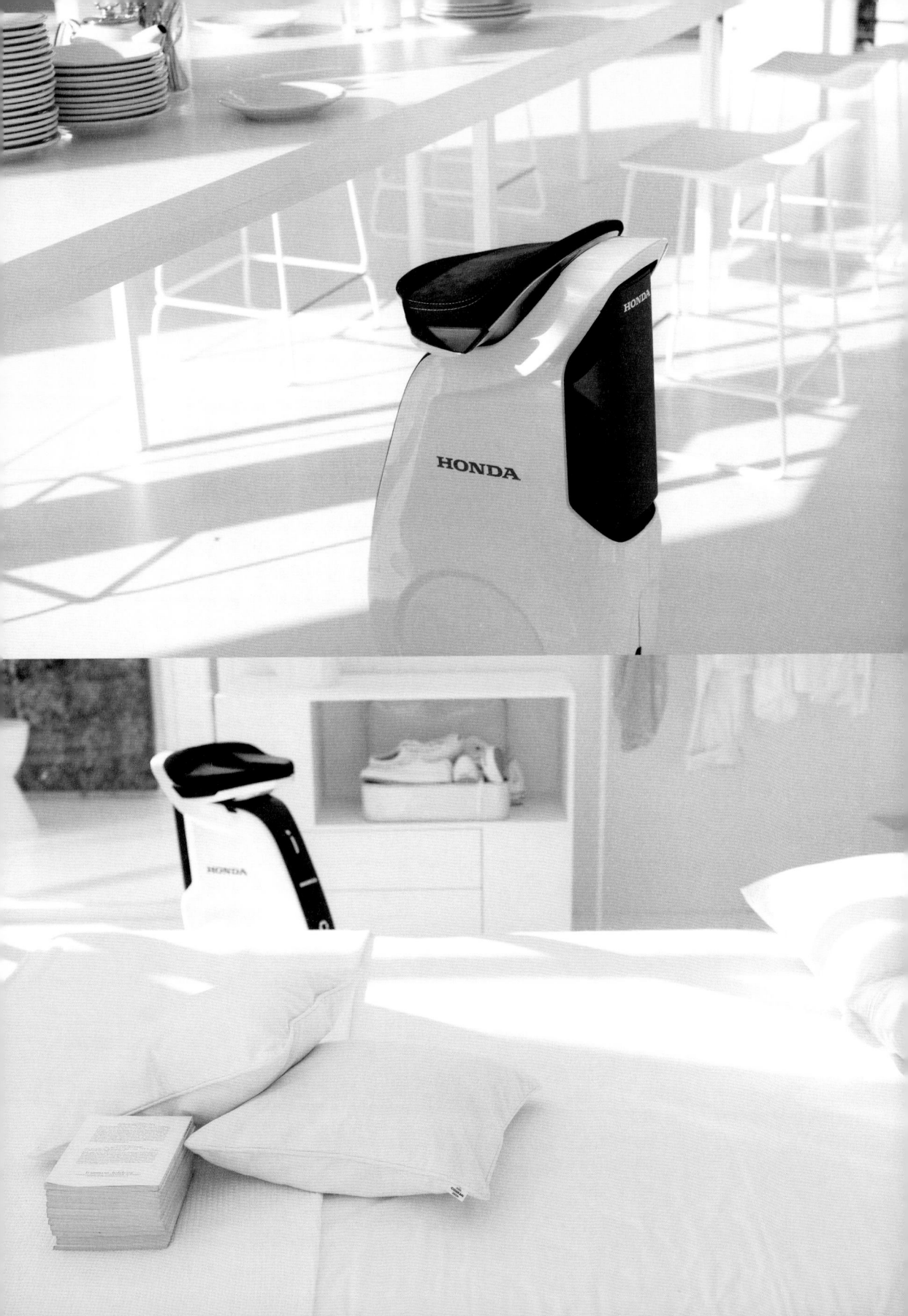

SeMM
能源管理单元

HSHS（本田智能家居系统），
结合燃气发动机－废热发电
以及太阳能发电，
为家庭内部供给能源。

燃气发动机－废热发电，
指利用城市中的天然气启动引擎发电，
同时为人们供给热水。

结合太阳能发电储存电力，
高效产出家庭内部所需能源。

将HSHS所用的能源
全部信息化。
通过室内监控器
和移动终端掌握使用情况，
在外面也能控制。

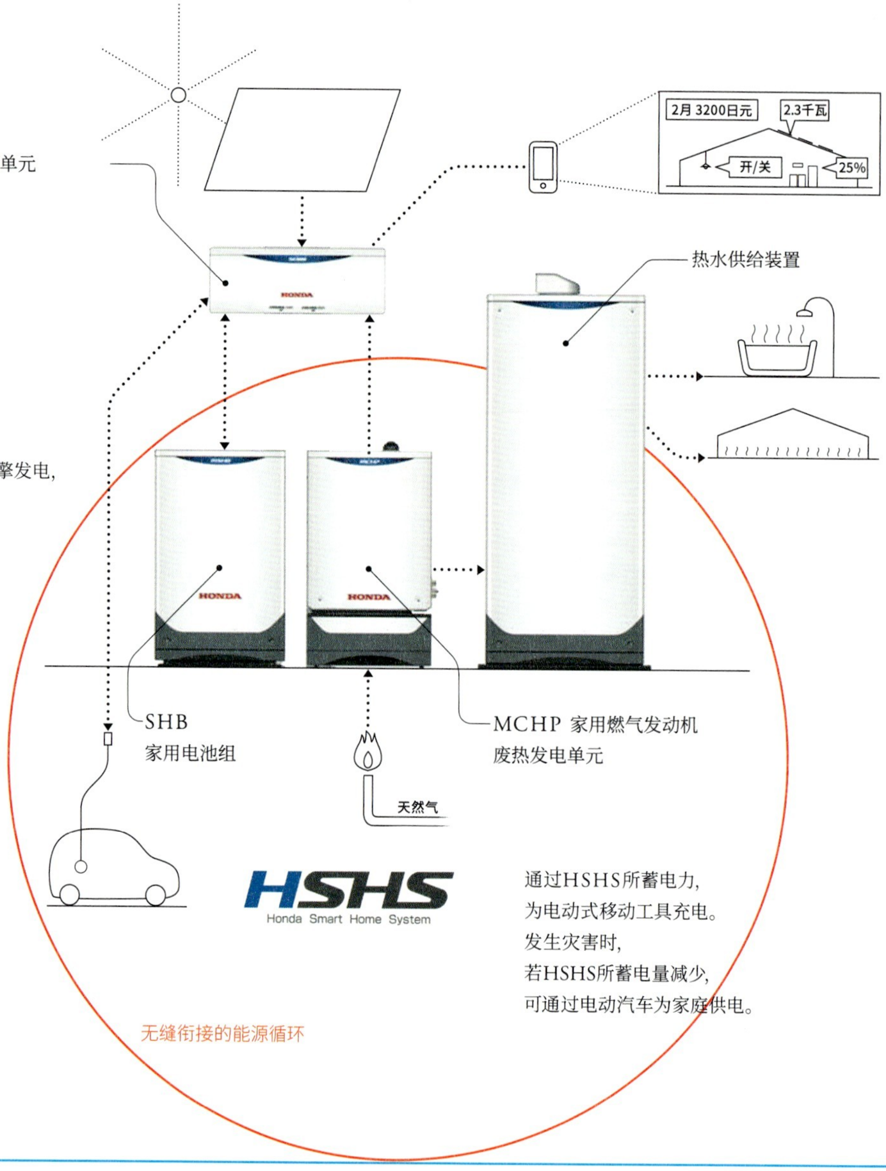

2月 3200日元　2.3千瓦
开/关　25%

热水供给装置

SHB
家用电池组

天然气

MCHP 家用燃气发动机
废热发电单元

HSHS
Honda Smart Home System

通过HSHS所蓄电力，
为电动式移动工具充电。
发生灾害时，
若HSHS所蓄电量减少，
可通过电动汽车为家庭供电。

无缝衔接的能源循环

今后将开发各种目的
和用途的移动工具。

近郊出行
MICRO COMMUTER CONCEPT
微型电动汽车

街区内的"微出行"
MOTOR COMPO
折叠式电动摩托车

家、移动工具和能源的未来

樋田直也 | 本田技研工业 智能社区企画室室长
TOIDA Naoya

能源自给自足

本田

自本田宗一郎先生于1949年创立以来，
本田自始至终坚持
"制造出有趣的产品，为用户带去喜悦"
"提供更方便的产品"的挑战精神，
致力于研究改善生活的技术，
开发为用户带去喜悦的产品。
以全球品牌口号"梦想的力量"为动力，
生产销售摩托车、汽车、通用产品。
在仿人机器人和步行辅助器等
全新的发展领域展开积极的研究。

提到本田，也许人们的第一反应是汽车或摩托车，其实，本田还生产发电机和太阳能电池等各种通用产品，在家居领域深耕易耨。今后，随着电动汽车的普及，未来人们会在家里为汽车充电，还会在家里发电。届时，会出现一个问题——如何拉近家和汽车之间的距离？

本田放眼未来生活，研发了"家用废热发电单元"，还有停电时也能运转的产品类型。尽管家用能源的60%左右以热能的形式用于供暖或供给热水，但若采用火力发电，有一半以上的热能都未得到有效利用，而是被白白排放了出去。如果在家中设置这种装置，就可以用发电时产出的热能烧水或供暖，无一浪费，还能控制二氧化碳的排放。今后，我们想开发出一种无缝衔接的家用能源循环系统，自家生产能源，多余的自家储存。

无缝衔接的移动循环

步行范围内的出行
TOWNWALKER
电动载人车

室内移动
UNI-CUB
（新型个人移动工具）

楼梯/坡道辅助
体重支撑型步行辅助器

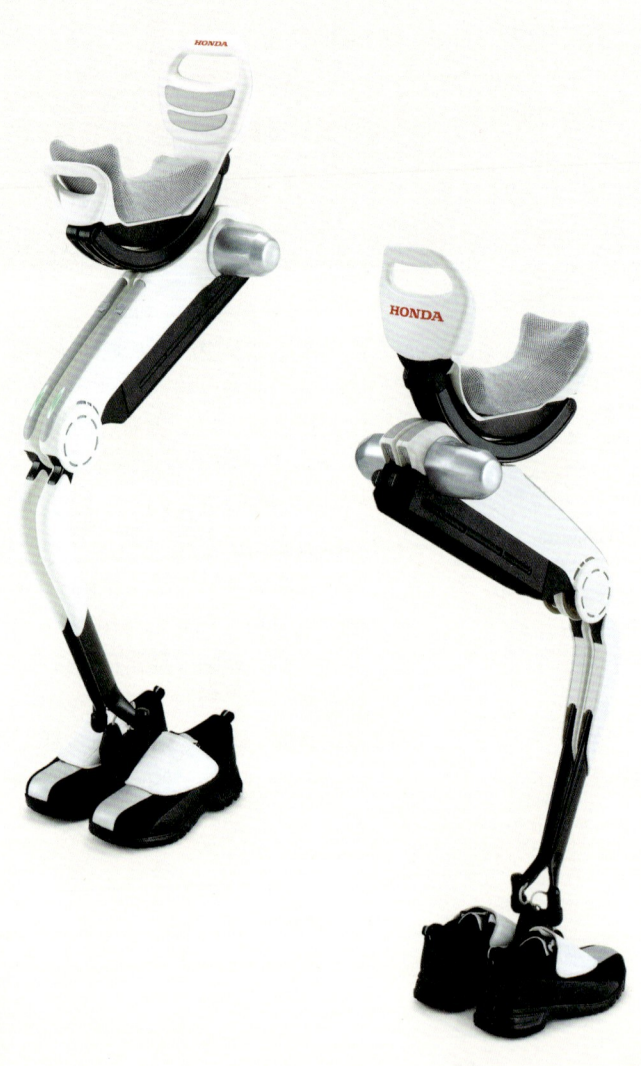

只需穿上鞋，
靠到座椅上，
即可自动支撑身体，
还能自然地配合各种动作。

本田正在研发的"体重支撑型步行辅助器"。
辅助支撑体重，减轻腿部负担。
为长时间的站立或弯腰、上下楼梯等提供辅助。
根据膝盖的伸缩和踏力，控制辅助力度。

老年人或身体不便的朋友也可使用的日常代步工具
——电动载人车"TOWNWALKER"。
为减轻重量,整体框架均由铝材制成。
吊床式座椅,折叠后可放入车内。

移动工具成为家的一部分

还有一种产品，也和未来之家息息相关。那就是各式各样的移动工具。

比如说"UNI-CUB"，体现了本田想为所有人提供自由移动方式的想法，是能耗最低、尺寸最小的个人移动工具。其采用了双足步行机器人ASIMO的平衡控制技术，向目标方向倾斜身体，非但不会跌倒，还会朝此方向前进。此外，由于是独立车轮，因此可向前后左右或斜向角度自由移动。在单轮中装入多个轮胎，使车轮可朝各个方向移动，这种技术早被开发出来了，但在一个车轮中实现全方位的驱动，可谓前所未有的创举。

此次同我们合作的藤本壮介先生，对家中的移动体饶有兴趣，他把这种存在移动工具也没有不和谐之感的家的概念有形化了。如果让我们来构思，一定会把移动工具和家区分开，从移动工具的角度出发。藤本先生把移动工具作为家的一部分，展示了一种包含移动工具的日常生活，这令我们大开眼界。

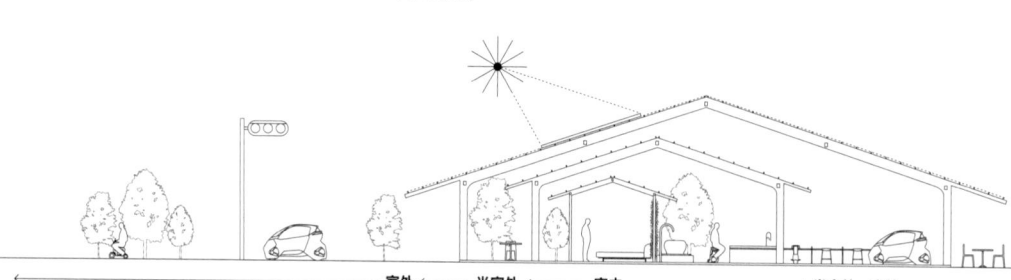

UNI-CUB的轮胎，
在用于前进的主轮胎中
组装了数个左右移动的小型轮胎。
实现了自由移动。

室外 ← ┊ → 半室外 ← ┊ → 室内 ← ┊ → 半室外、室外

三层结构交织成内外贯通的居住空间。
街区和家无缝衔接，
移动工具成为家的一部分。

不仅展示了UNI-CUB代表的新一代移动工具的可能性，还以有形的方式展现了汽车和家的关系，以及家中配有能源站的生活方式，对任何人来说，本田今后想要实现的未来生活模式都是一目了然的。

3

地域社会圈——共享社区

LOCAL COMMUNITY AREA PRINCIPLES - Sharing Community

所谓"地域社会圈",不仅包括住宅建筑,

还有能源流通和垃圾处理等基础设施、

看护和护理、育儿辅助、设施共享

以及这里孕育出的微型经济活动,

这是一种从多个角度思考"居住"的社区构想。

在山本理显、末光弘和、仲俊治的带领下,

地域社会圈研究会取得了很多研究成果,

我们将在此基础上,提出具体的规划方案。

展会上,用五分之一大小的模型来展示

"地域社会圈模式",思考共享社区的理想形式。

而"未来生活研究会"从实际生活出发,

探究居住环境和先进的技术会启发出何种"生活智慧"。

如何开始身体和环境的对话?

智能住宅能否变得更加智慧?

共享社区可以发展到什么程度?

关于未来生活,系统控制、

生活日志的管理分析、预防医学等

各个领域的专业知识最终汇集在"家"这一个点上。

500人同住——

构成地域社会圈的"家"是租赁式住宅。

最少可租1个单元,

每一个"家"中的居住人数不限。

屏幕1

矛盾孕育"生活智慧"

面对社区中的共享服务,

两个火柴人分别表现出肯定和否定的反应。

这里用动画的形式展示了历经矛盾、逐步成熟的"生活智慧"。

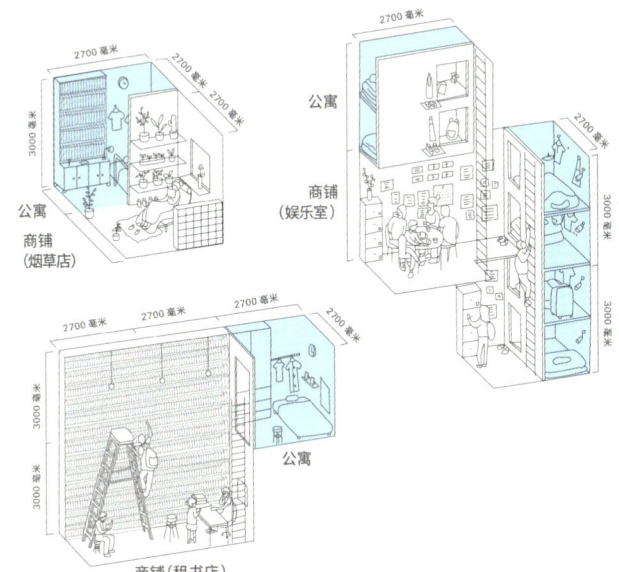

"公寓"和"商铺"

"商铺"对外开放，
而"公寓"是私有空间。
在地域社会圈中，
两者组合成一个单元，
以单元为单位进行出租。
承租人可自由租赁。
若多租"商铺"，
可用作店铺或办公室。
若多租"公寓"，
则可打造自己私密的家。

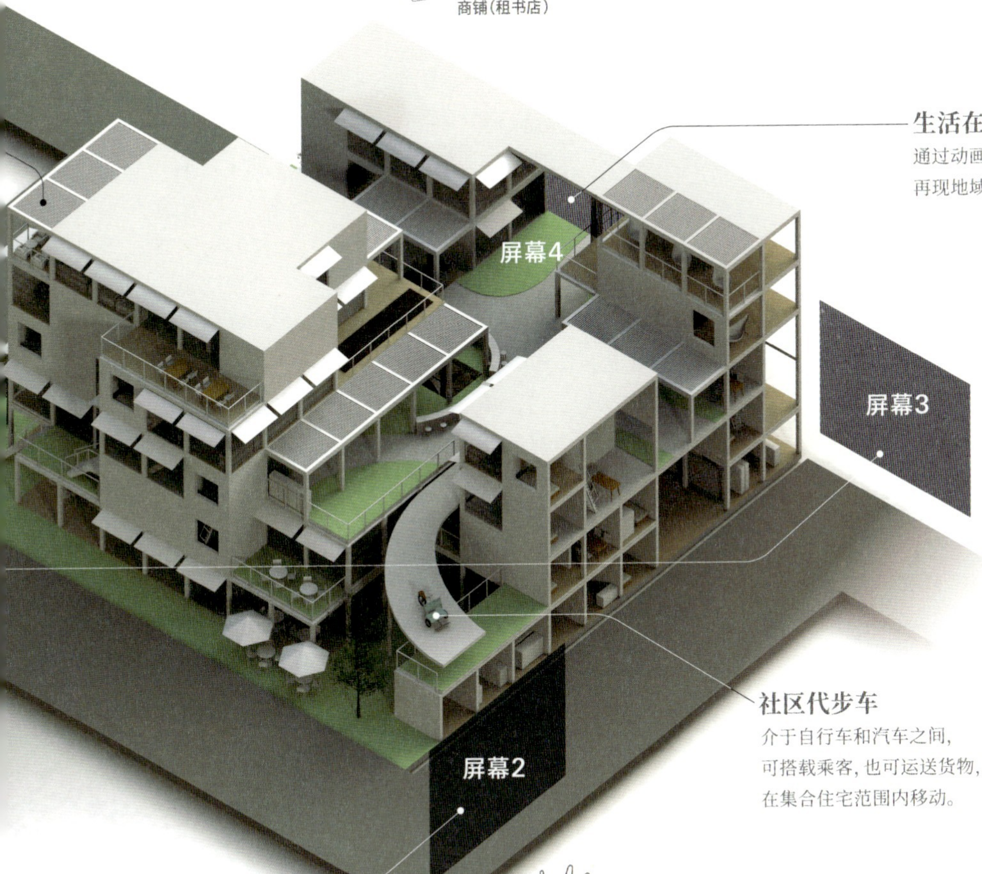

生活在地域社会圈

通过动画的形式，
再现地域社会圈中的生活状态。

社区代步车

介于自行车和汽车之间，
可搭载乘客，也可运送货物，
在集合住宅范围内移动。

屏幕4

屏幕3

屏幕2

为家赋予智慧的技术

通过简明易懂的动画，
介绍了当今日本是如何运用先进技术
与身体对话的。

G　传感器

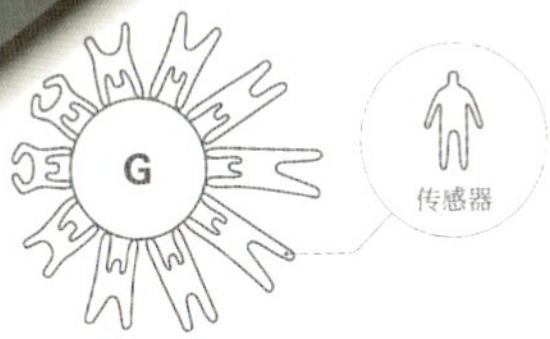

生活在地域社会圈

山本理显
YAMAMOTO Riken

建筑师, 生于1945年。
1971年毕业于东京艺术大学研究生院
美术研究系建筑专业。
1973年成立山本理显设计工厂。
2007年至2011年担任
横滨国立大学研究生院教授。
主要作品有"埼玉县立大学"
"公立函馆未来大学"
"东云运河之庭1街区""横须贺美术馆"等。
曾获日本建筑学会奖、BCS奖、每日艺术奖、
日本艺术院奖等多个奖项。
主要著作有《地域社会圈主义》(合著)、
《山本理显的建筑》等。

500人共生

一家人在一个家里生活, 即"一处住宅=一家人"。当代日本的社会体系是以此为前提构成的。然而, 在2012年, 日本一户家庭的平均人数只有1.99人,"一处住宅=一家人"已经逐渐失去了作为生活单位的意义。如此一来, 什么样的居住方式能够取代它呢? 试想, 如果把500多人作为一个生活单位如何? 400人或700人也可以。地域特性不同, 人数也不一样。重点在于将其作为一个生活单位, 一个"地域社会圈"。这种500人组成的社区, 可以实现怎样的居住方式? 可以形成怎样的互助体系? 对此, 我们做了各种各样的研究。

首先是住宅方面。分开出售的话, 个人负担过重, 发生大规模的社会变化时也无法灵活应对。因此, 地域社会圈的住宅都是租赁式的, 但是会尽量减少私有部分, 增加共享部分。构成地域社会圈的住宅称为"家", 这个"家"由"商铺"和"公寓"组成。它的结构和迄今为止的LDK (L指客厅, D指餐厅, K指厨房) 型住宅截然不同。

"商铺"对外开放, 外侧是玻璃幕墙, 而"公寓"的私密性很强。承租人可自由租赁。若多租"商铺", 顾名思义, 可用来开店, 也可以用作办公室或工作室。若多租"公寓", 可作为自己私密的"家", 与传统住宅如出一辙。卫生间、淋浴房、厨房是公用的。这里尽量扩大了淋浴空间, 准备了足数的淋浴间。我们试图彻底改变私有和共享的关系, 重新审视能源、交通、看护、护理、福利、地区经济在"一处住宅=一家人"的前提下形成的关系, 最终提出了"地域社会圈"。

067、069、071、073-077页：
摘自展馆"地域社会圈"

展会展出的"市郊高密度模型"。
3楼是建在人工地基上的大型广场，
广场对面是居民们的工作区，
空间虽小，却孕育着人性化的经济活动。

新型互助模式

"一处住宅=一家人"，是由自己负责管理生活中的所有事务。与交通、能源等国家基础设施也是密切相关的。然而，虽说是自己负责，但如今少子老龄化加剧，仅仅负担"一处住宅=一家人"内部的育儿、看护、护理，也早已成为天方夜谭了。国家的补助也几乎达到了极限。我认为，自己负责在家里相互扶持，政府负责建设基础设施以提供支援，这种严密的分工形式已经土崩瓦解了。

将遥远工厂生产的大量能源输送到200公里外的地方，这种生产与消费的关系是不合理的。以150公里时速行驶在高速公路上的高性能汽车已经闯入了城市里的道路。而政府也以财政危机为由，想方设法地降低福祉的质量，缩小服务的范围。可以说，过去描绘的福利蓝图正在因老龄化的加剧而陷入崩塌的边缘。

为了解决这些问题，地域社会圈将改变自己负责和国家专管的分工范围。能源自给自足，尽量自己负担福祉服务。我们应当结合居住系统，思考周围的交通系统、互助体系。其中，"结合居住系统"这一点极其重要。虽然我们尚未体验过可以取代"一处住宅=一家人"的生活方式，但是现在必须跳出家庭这一框架，打造可独立居住、两人合住或更多人合住的建筑，这对今后的日本来说是必不可少的。请不要把住宅作为实现经济发展的工具，先认真思考一下如何才能丰富居住者的生活，在此基础上思考家的理想模式。通过展览中1:5大小的模型，希望观展者可以亲身感受到地域社会圈中的实际生活状态。

古い家具
直します
藤森家具
FUJIMORI FURNITURE
15

地域社会圈特有的社区代步车。
配备了专用道路以及可换电池的服务站。
根据移动距离和用途来修建交通设施,
延续至今的生活方式也将随之改变。

从"共享"到"分享"

末光弘和
SUEMITSU Hirokazu

建筑师，生于1976年。
2001年毕业于东京大学研究生院
工程学系研究科建筑学专业。
同年入职伊东丰雄建筑设计事务所。
2007年与末光阳子共同成立SUEP。
从环境的角度，开创新型建筑设计。
现任东京大学、横滨国立大学、首都大学
东京、东京理科大学兼职讲师。
主要作品有"Kokage""地下的栖身之所"
"九州艺文馆"等。曾获新建筑奖、
住宅建筑奖等多个奖项。
著有《地域社会圈主义》（合著）。

拥有多少物品，是过去判断生活富足度的指标。这成为现代社会对富足的定义。另一方面，随着经济的高度发展和竞争的日趋激烈，人们也失去了一些幸福感，那就是与他人"共享"的幸福，比如和亲朋好友一起分享时的幸福感，还有地区发展给自己带来的幸福感，等等。尽管如此，对拥有自由的现代人来讲，是否还向往那种在过去的集体生活中曾经有过的，甚至有些冗杂烦琐的"共享"呢？关于这个问题，需要动一动脑筋。这不应是一种强制性的"共享"，而是让居住者按照个人的喜好量体裁衣，基于一种"分享"的理念。

"分享"的优点很多，例如可以得到个人难以拥有的功能或设备。对书籍进行分享，就有了图书馆；对就餐空间进行分享，就有了餐厅；对浴室进行分享，就有了可以蒸桑拿的大浴池。这样一来，人们就可以在日常生活中使用这些设备了。这当然不属于私人所有，但是通过给予和分享，可以大大扩展自己的生活圈子。基于这个想法，我们提议在地域社会圈中设置"微型餐厅"以及"生活便利店"等五花八门的共享空间。

我们想要打造的并非一种强制性的共同体，而是一种现代社区，就像在社交网站（社交网络服务）上可以自主决定信息的公开程度一样，每个人都可以自由选择任意规模、任意类型的团体，自己打造个性化的开放方式，进而构筑自己的关系网，实现自己的社会角色。

微型餐厅，可以请主厨掌勺，
也可以借用厨房自己烹饪。
独居者、老年人也可以轻松用餐。
用"地域社会圈一卡通"付款。

3　地域社会圈——共享社区

微型经济

仲俊治
NAKA Toshiharu

建筑师，生于1976年。
2001年毕业于东京大学研究生院
工程学系研究科建筑学专业。
同年入职山本理显设计工场。
负责设计邑乐町政府办公大楼、
多功能设施、福生市役所等。
2009年起担任仲建筑设计事务所负责人。
2011年起担任东京都市大学兼职讲师。
主要作品有"白马山庄""载之家"等。
曾获中部建筑奖、
日本增改筑产业协会改建设计
大赛新人奖等奖项。
著有《地域社会圈主义》（合著）。

名为"商铺"的空间，是地域社会圈中的住宅单元的一个特点。

"商铺"是一个开放性的空间，位于公寓与共用走廊的中间，一半空间是对外开放的。新晋妈妈可以在自家经营美甲沙龙，自行车爱好者可以在此展示爱车，也可发挥兴趣特长，在这里学习训练。或许，今后这里会出现前所未有的小众店铺。

这种店铺也许只能赚一点零花钱，却能带来令人愉快的互动。通过这种"微型经济"，人们会愈加渴望与他人交流。由于社交网站（社会网站服务）的出现，人们会切切实实地感受到这种倾向，感受到与他人共享带来的快乐。

另外，在地域社会圈中，人们不仅可以经营自己的"商铺"，还可以随时做一些兼职。想工作的居民化身"生活支援者"，按800日元左右的时薪承接这里的工作。工作内容由咨询窗口——"生活便利店"进行管理，"支援负责人"为每个人分配合适的工作。还有提供看护或保育等专业服务的经理人常驻于此，创造一种大家可以安心工作、舒心生活的环境。

在家中工作的传统生活方式被称为"居家工作"，而地域社会圈提供的是以外人来访为前提的"居家工作"的生活环境。这样的微型经济活动，将会成为连接人与人、人与外部环境的枢纽。

我们想提议并建造一种可以促进微型经济发展的空间。

圈内产生工作需求,
居民们互补互助, 加深彼此之间的关系。
居民可以选择更加广泛、更加灵活的工作方式,
来赚一些零用钱, 或发现生活价值, 或维持家计等。

方案——3

地域社会圈——培养生活智慧的居住环境
LOCAL COMMUNITY AREA PRINCIPLES - Sharing Community

未来生活研究会×山本理显、末光弘和、仲俊治
YAMAMOTO Riken   SUEMITSU Hirokazu   NAKA Toshiharu

未来生活研究会
东芝、罗姆、KDDI研究所、三泽房屋、立邦涂料、昭和 飞行机工业
MEC eco LIFE（三菱地所集团）、三井不动产RESIDENTIAL、野村不动产

贴合现实的构想

——从地域社会圈 ×开发商研究会的活动出发

地域社会圈研究会：山本理显、末光弘和、仲俊治

开发商研究会：MEC eco LIFE（三菱地所集团）、三井不动产RESIDENTIAL、野村不动产

两种具体化方案

该研究会尝试从实际操作的层面出发，对具体实施地域社会圈时面临的课题进行探讨。地域社会圈的基本规模为500人，而该研究会试图开发小规模的版本，同时将这一构想付诸现实。

普通的共有公寓，公共面积的比例大约为两成。而在地域社会圈中，这个比例高达六成，尽可能地分享建筑空间和功能是地域社会圈的基本思路。但是，在此次研究中，考虑到与实际开发项目之间的平衡，为每户增加了10%的私有面积，而将共用部分缩减至三成以下。共用部分没有达到地域社会圈当初构想的六成之多，我们正在研究顺势将社区拓展到街区，不足的部分由街区来填补。

模拟过的样品分为高密度集约型和低密度分散型，分享空间都不局限在规划的建筑物内部，而是延伸到了地域社会圈里。在高密度集约型的样品（右页1）中，设计了微型餐厅、公共办公区等共用空间，在私用空间中的"居家工作单元"中，住户可以自由地调节"商铺"和"公寓"的比例。

在低密度分散型样品（右页2）中，公用部分以咖啡馆为轴心，设计了"咖啡馆+育儿辅助""咖啡馆+社区餐厅""咖啡馆+开放式办公区"等组合，空间虽然不大，但人们可以互动交流，还可能催生出经济活动。虽说存在收益性和销售方法等现实问题，但我们想尝试着创建一种全新的住宅，为现有的经济模式带来一定的影响。

1. 高密度集约型的具体化方案 | 提高公用比例的集体住宅方案

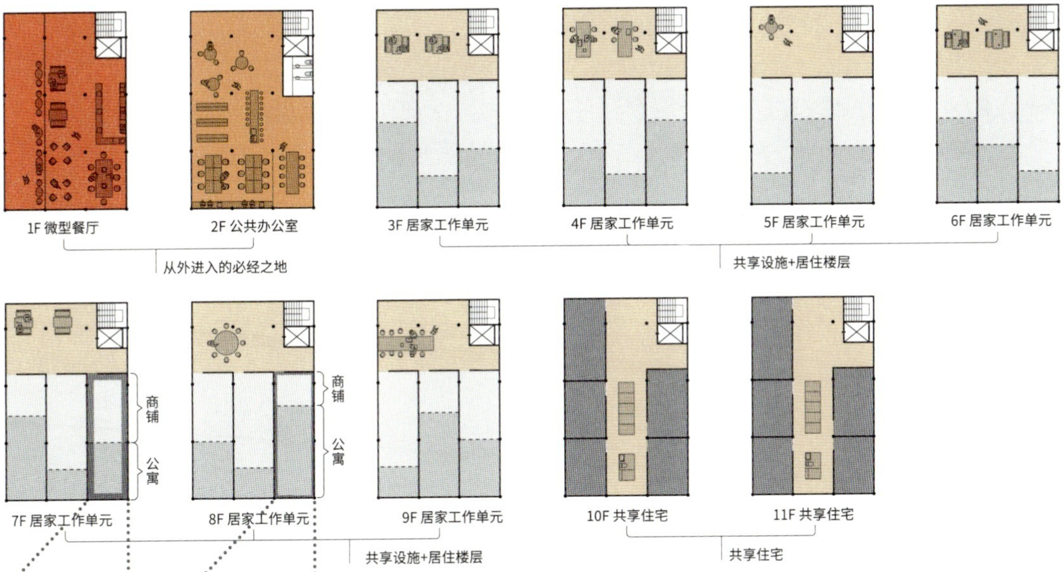

1F 微型餐厅　　2F 公共办公室

从外进入的必经之地

3F 居家工作单元　　4F 居家工作单元　　5F 居家工作单元　　6F 居家工作单元

共享设施+居住楼层

7F 居家工作单元　　8F 居家工作单元　　9F 居家工作单元　　10F 共享住宅　　11F 共享住宅

共享设施+居住楼层

共享住宅

商铺　公寓

商铺　公寓

商铺　公寓

		11F
		10F
		9F
		8F
		7F
		6F
		5F
		4F
		3F
		2F
		1F

图例
- 单间单元
- 居家工作单元(商铺+客厅)
- 共享设施
- 共享办公室
- 微型餐厅

东京神田的假定规划方案

在市中心的商业区开发一个可容纳40户的住宅区，共11层。
作为工作场所，地理位置非常便利。
1层是对外开放的微型餐厅。
2层是共享办公室。
3层至9层是居家工作单元(住宅+居家办公)，
10层、11层是共享住宅。

2. 低密度分散型的开发方案 | 由3栋建筑和路上分散的设施构成社区的方案

东京西小山的假定规划方案

距离涩谷30分钟的商业区。有3栋建筑，共100户居民。
由居家工作单元(住宅+居家办公)
构成的集合住宅。
各建筑内的共享空间风格各异，
居民可以共用3栋建筑。
3栋建筑由林荫小道连接。
里面的旧店铺和住宅改造成
咖啡馆、能源站和商店，
将现有的整个街区打造成一个社区。

位置A　咖啡厅　能源站　店铺　位置B　体育馆　咖啡厅　店铺　位置C　店铺

社区孕育着怎样的生活智慧?

——从未来生活研究会的活动出发

未来生活研究会: 东芝、罗姆、KDDI研究所、三泽房屋、立邦涂料、昭和飞行机工业、MEC eco LIFE(三菱地所集团)、三井不动产RESIDENTIAL、野村不动产

形形色色的生活智慧

1. 公共活动的智慧

享受一起活动的智慧。散步和跑步是老龄化社会不可或缺的运动。与其一个人"锻炼",莫如一起"休闲",将其变成一种享受。

2. 健康智慧

根据预防医学,掌握自己的血压、体重、脉搏、血糖值等身体信息,可能保持年轻的状态。身体管理能力将成为日本人的新常识。

3. 环境智慧

理解太阳能和天然气发电、废热发电、蓄电等技术,在掌握使用状况的基础上,节省能源。通过合理的方法保持舒适的温湿度环境。

4. 相互扶持的智慧

无论身体多么健康,步入老年之后也是需要互相帮助的。最好在社区内解决互帮互助的问题。大家的健康支撑起彼此的幸福。

5. 感动的智慧

走廊清扫得一尘不染,玄关洒水后神清气爽,公共垃圾场洁净利落、令人心旷神怡。可以感知到环境质量,也是生活智慧的一部分。

6: 安全智慧

若有可疑人士侵入社区,也是在众目睽睽之下,安全性大大提高。

集体生活智慧,与矛盾一同成长

未来生活研究会作为HOUSE VISION活动的其中一环,汇集了半导体、家电、系统通信服务等高科技企业、住宅建设企业、建筑企业,通过展望未来的居住环境和社区模式,感受人类近未来的生活。与站在技术或建筑角度的思维方式相反,未来生活研究会关注的是享受这种生活的人,着眼于人的心理和感受,思考生活智慧的进化和居住环境的未来。

共享社区会培养出怎样的"生活智慧"呢? 在集合住宅中,个人生活不是封闭的,每个人都是社区中的一员,与他人建立起广泛的联系,内心愈加充实、愈加安心。然而,与他人共享的生活,在带来安心的同时,也会带来拘束。义务感的增强可能会让人感到心烦意乱。便利的同时,也会让人感到不自由。感受当然是因人而异的,即便是同一个人,也会因情况的差异而产生不同的反应。

右图以"信息终端语言"的形式,展示了共享社区中产生的人际关系和服务形式,并分别描述了人们消极和积极的反应。在这种矛盾中,人们对利弊的判断会犹豫不决,而集体生活的智慧也会在这个过程中像螺旋一样缓缓上升,逐渐成熟起来。

环境与身体开始对话

通信服务公司正在考虑通过云技术,对"生活日志"中记录的数据进行汇总、分析,在此基础上为人们提供服务,甚至还

1. 公共活动的智慧

2. 健康智慧

3. 环境智慧

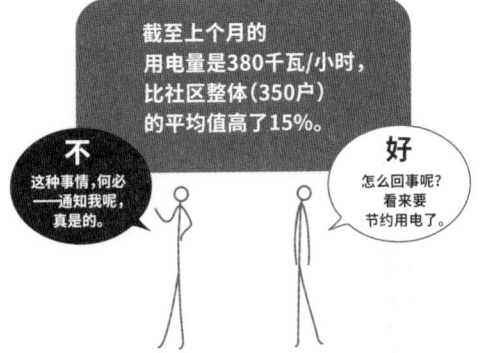

4. 相互扶持的智慧

5. 感动的智慧

6. 安全智慧

以"信息终端语言"的形式展示社区服务, 分别描述了消极和积极的反应。
在截然相反的反应之间犹豫不决, 孕育出生活的智慧。

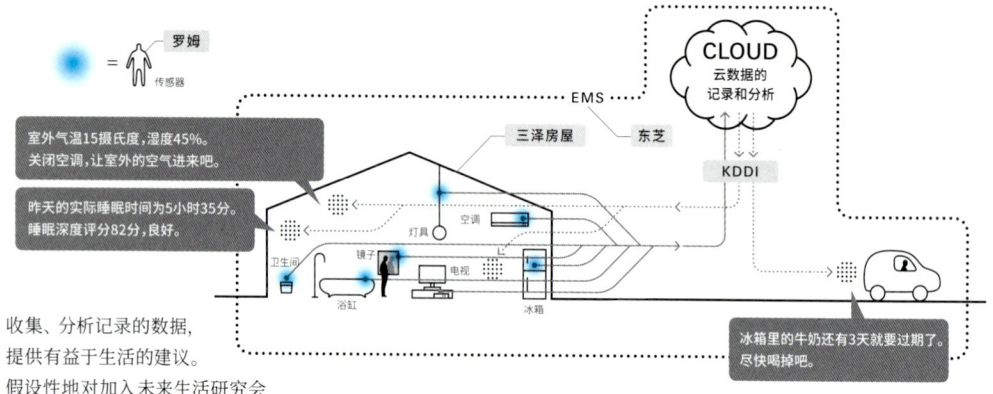

= 罗姆
传感器

室外气温15摄氏度，湿度45%。
关闭空调，让室外的空气进来吧。

昨天的实际睡眠时间为5小时35分。
睡眠深度评分82分，良好。

CLOUD
云数据的
记录和分析

EMS

三泽房屋 东芝

KDDI

卫生间 镜子 灯具 空调
浴缸 电视 冰箱

冰箱里的牛奶还有3天就要过期了。
尽快喝掉吧。

收集、分析记录的数据，
提供有益于生活的建议。
假设性地对加入未来生活研究会
的公司进行分工。
什么样的服务才真正有用？
服务内容及传播方法等
需要解决的课题还有很多。

有公司以街区为单位构筑这些系统。何时用过电饭煲？何时烧过洗澡水？何时关的灯？冰箱门开过几次？如果有一种技术能够统一管理电器产品，那么就可以记录、分析这些数据，然后计算出人们的饮食规律和睡眠规律。如果掌握了更为详细的数据，就可以通过观看的电视节目，分析人们的视听喜好，甚至连冰箱里剩了几罐过期的啤酒都能了如指掌。

如何将这种服务嵌入到家的功能中，对于住宅公司来说，这是构思未来住宅时需要面对的课题。

另一方面，现在开发出了高精度的传感器，已经超越了人类的五官。人体就像一个信息群，存储着体温、血压、脉搏等信息。通过传感器和环境进行对话，这并非无稽之谈。通过镜子里的脸色可以检查身体状态，通过牙刷可以测出唾液中压力物质的量，通过牙刷柄可以测量血压，通过踏脚垫可以测体重，通过马桶可以验尿，今后还会开拓出全新的生物体检方式。甚至有公司还在开发一种检测设备，仅需一滴血，

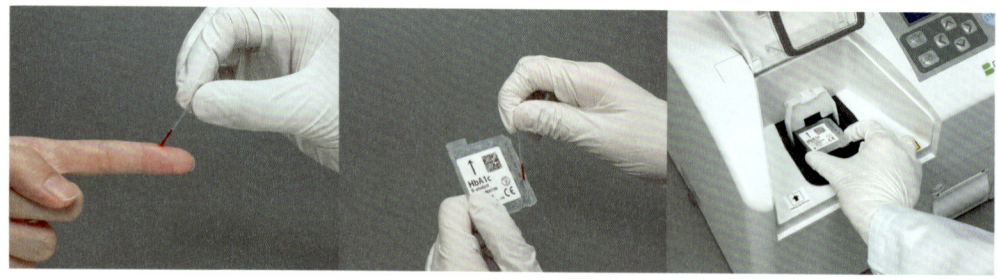

通过微流体技术、光检测技术等，
生物医学领域的检测水平取得了飞跃性的发展。
只需7分30秒左右，即可完成血液检查。
今后，在医疗设施以外的地方
进行检查已经指日可待。
照片中是罗姆的"血液分析系统"。

仅需7分30秒左右，便能达到医院的血检水准。
正在探索各种未来技术的公司汇聚一堂，展开交流。由此，对于可同环境对话的生活智慧，人们的理解会逐渐加深。

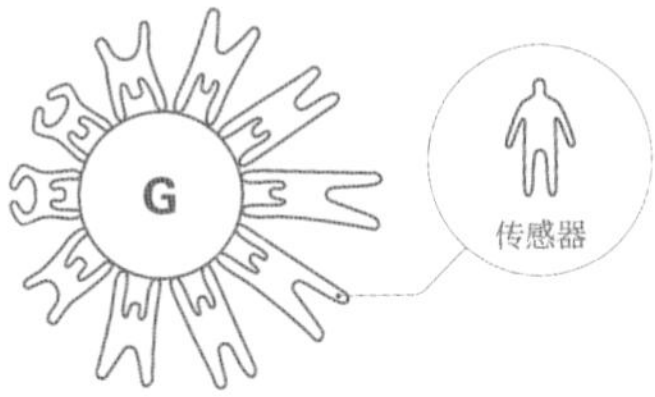

加速传感器

感知物体的“动作”和“倾斜”。搭载在游戏控制器或智能手机上，配合动作操作。

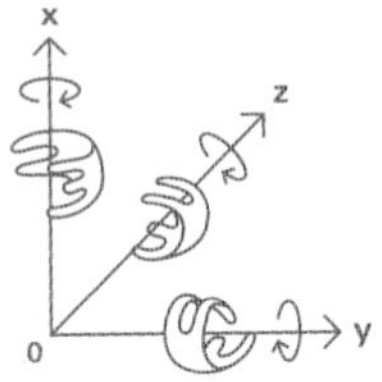

陀螺仪

感知物体“旋转”。用于自动修正带有旋转的动作，如拍照时的抖动以及无线电遥控直升机的摇晃等。

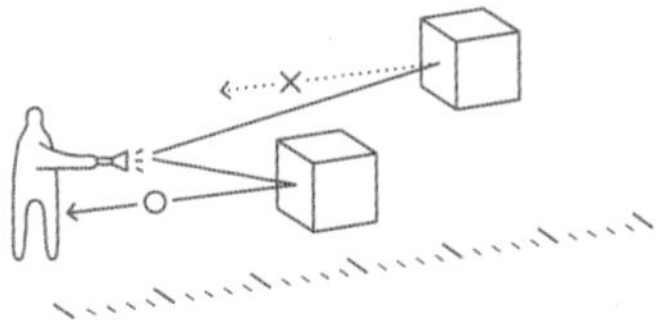

接近传感器

通过传感器发射的红外线反射，检测正在“接近”的物体。用于靠近脸部时手机画面自动关闭等功能。

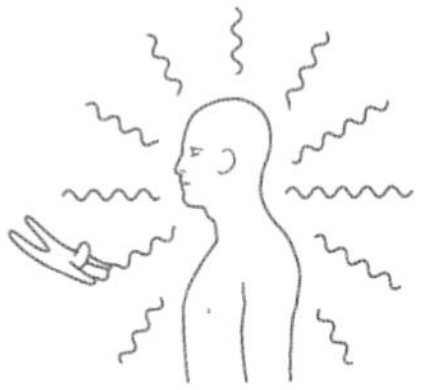

人体感应传感器

感知人体发出的“热”(红外线)。搭载在灯具上，人们进入房间或在房间里的时候，可以自动开灯。

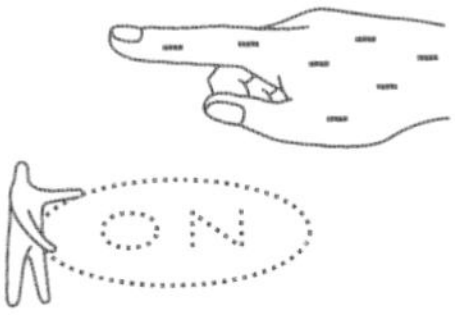

接触式传感器

感应“静电”。应用在用指尖直接操作的界面上，如智能手机或平板电脑的屏幕等。

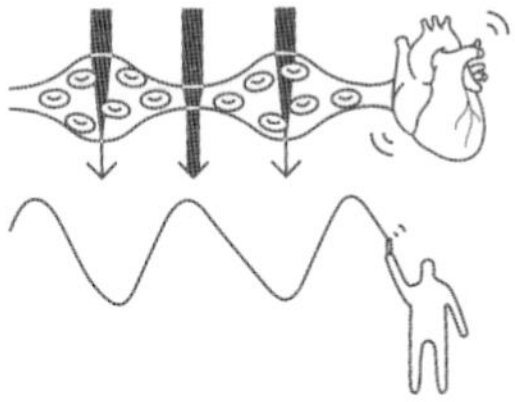

脉搏传感器

测量随着健康状况、心理状态而变化的“脉搏”(心脏搏动引起的血管收缩、扩张)，使当前的健康状态和心理状况一目了然

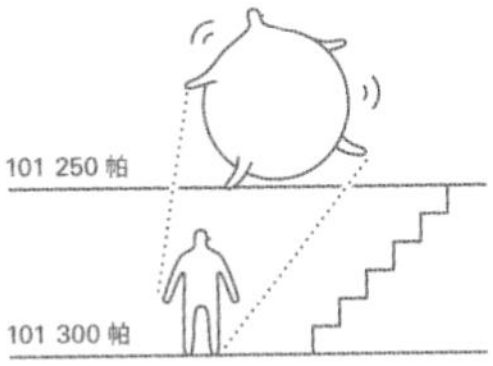

压力传感器

测量空气的“压力大小”。精密测量“气压”，掌握当前所在位置的高度和气象变化。

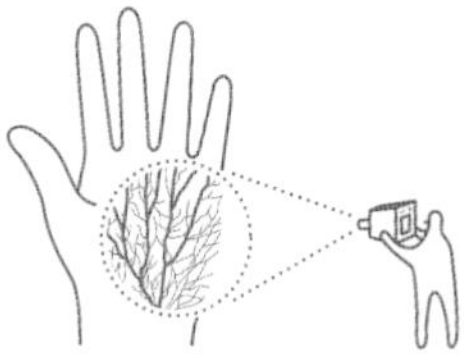

宽频带图像传感器

捕捉特定波长的光来透视物体。无须使用X射线等有害的放射线，便可清楚地看到血管，掌握生物信息等。

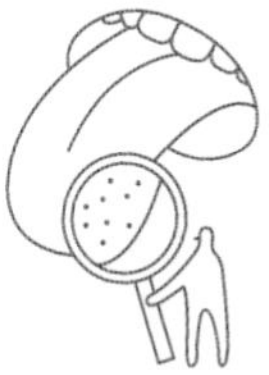

唾液传感器

计算唾液中随着压力而增减的“荷尔蒙皮质醇量”，测量压力程度。

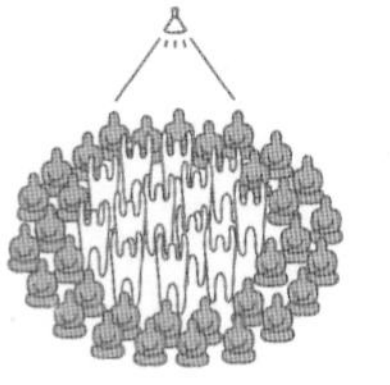

光照度传感器

测量“亮度”。搭载在电视、手机上，根据户外光线，自动地将屏幕调节至适宜的亮度。

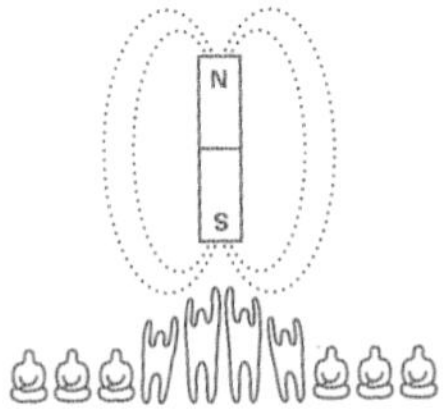

磁力传感器

感应“磁力”。在笔记本电脑等可开合机器的两侧，搭载磁铁和传感器后，电源可随机器开合打开或关闭。

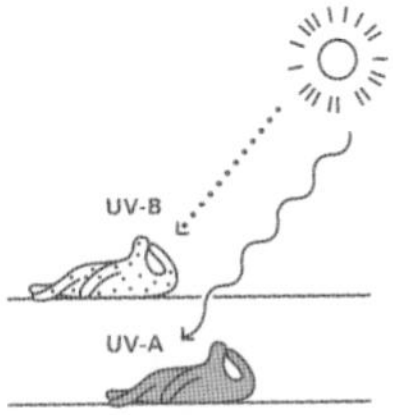

UV传感器

分别测量导致皮肤晒黑的紫外线“UV-A”，和导致皮肤长斑的紫外线“UV-B”。应用于美容领域指日可待。

4

风雅之家

HOUSE OF *SUKI*

"风雅之家"代表的审美观

和具象化的材料和技术是家的根基。

对传统和美的感受力是日本一种非常重要的资源。

但是我们不能墨守成规，应该面向未来，灵活运用。

杉本博司将日本美学应用到现代美术之中，

最近，还成立了"新材料研究所"。

所谓新材料，并非高科技的产物，

而是指天平时代的古木材、古城出土的石壁等，

久经岁月，古色古香，可谓一种天然材料。

新材料这个词，虽然带有讽刺的意味，

但绝不是比喻或反语，它烘托出了材料的价值，

体现了材料吐故纳新的特点，

可以令居住空间更加雅致。

住友林业在日本拥有多处林场，将木材作为环境建设的基础。

杉本博司继承了这种理念，

打造了可用于二手公寓的"风雅之家"

和源自千利休"待庵"的茶室——"雨听天"。

这是传统材料应用在未来建筑中的绝妙案例，敬请欣赏。

风雅之家

纳入茶室建筑的手法和构思。

巧用自然材料的独特风格，建筑材料搭配得相得益彰，

连细枝末节都是细腻微妙、别出心裁的，这是它与众不同的地

五轮塔凳

由正方形、圆形、三角形、半圆形、椭圆形组合在一起，
构成五轮塔的形状。

长桌、吧台、框架 | 黄扁柏

保留整棵柏木。
选用产自加拿大温哥华的黄扁柏。

地板 | 樟木无垢材

选用一般不作地板材料的樟木。
触感柔软，清香弥漫。

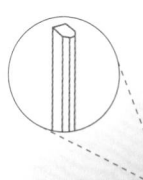

拉门 | 日本扁柏

拉门仅由中梃构成，
过滤射入的阳光，使之柔和，风雅别致。

数理模型座椅

应用三次函数的数理模型曲线
设计的座椅。

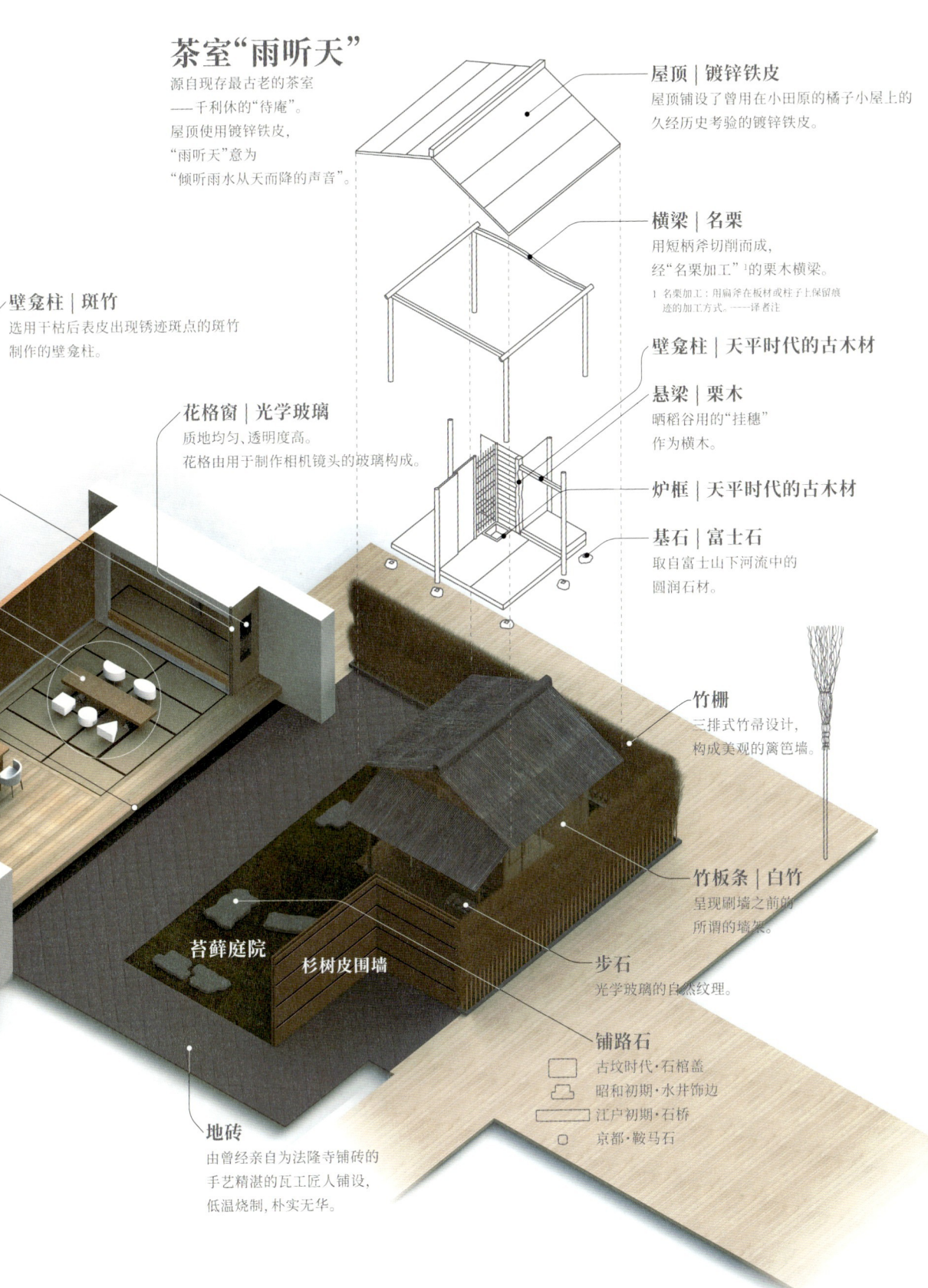

茶室"雨听天"

源自现存最古老的茶室
——千利休的"待庵"。
屋顶使用镀锌铁皮,
"雨听天"意为
"倾听雨水从天而降的声音"。

屋顶 | 镀锌铁皮
屋顶铺设了曾用在小田原的橘子小屋上的
久经历史考验的镀锌铁皮。

横梁 | 名栗
用短柄斧切削而成,
经"名栗加工"[1]的栗木横梁。

1 名栗加工：用扁斧在板材或柱子上保留痕
  迹的加工方式。——译者注

壁龛柱 | 斑竹
选用干枯后表皮出现锈迹斑点的斑竹
制作的壁龛柱。

壁龛柱 | 天平时代的古木材

悬梁 | 栗木
晒稻谷用的"挂穗"
作为横木。

花格窗 | 光学玻璃
质地均匀、透明度高。
花格由用于制作相机镜头的玻璃构成。

炉框 | 天平时代的古木材

基石 | 富士石
取自富士山下河流中的
圆润石材。

竹栅
三排式竹帚设计,
构成美观的篱笆墙。

竹板条 | 白竹
呈现刷墙之前的
所谓的"墙架"。

苔藓庭院

杉树皮围墙

步石
光学玻璃的自然纹理。

地砖
由曾经亲自为法隆寺铺砖的
手艺精湛的瓦工匠人铺设,
低温烧制,朴实无华。

铺路石
古坟时代·石棺盖
昭和初期·水井饰边
江户初期·石桥
京都·鞍马石

重建风雅精神

杉本博司
SUGIMOTO Hiroshi

现代美术作家。生于1948年。
1970年毕业于立教大学经济系。
1974年开始在纽约从事摄影工作。
摄影的同时还是一位古董商,
此后一直从事古玩收藏。
2008年成立新材料研究所,进军设计领域。
主要作品有《海景》《剧场》等。
主要个展有"杉本博司:时间的尽头"
"历史之历史"等。
主要建筑作品有"护王神社"
"伊豆照片博物馆"等。
曾获哈苏国际摄影奖、
高松宫殿下纪念世界文化赏、
紫绶褒章等多个奖项及奖章。

木材文化,即日本文化

过去在日本,即使是普通人家,也习惯自己修建自家住宅,人们戏称为"盖房癖"。由住户自己设计,木匠根据住户的意愿和预算着手修建,在20世纪四五十年代以前,这是主流做法。然而在现代社会,日本人这种特有的造屋方式已然土崩瓦解了。当时使用的材料逐渐消失,环抱着木材、土墙、榻榻米的生活也渐渐落下了帷幕。甚至,越来越多的年轻人从未在榻榻米上生活过。住宅的根基就是文化的根基,如此下去,我担心日本这个国家的基本修养以及从前在孩提时代经历过的体验将不复存在,最终这个国家也将黯晦消沉。

放眼全日本,丰富的森林覆盖全境。优质木材的价格时而过高,时而过低,还承受着来自进口木材的压力。但是,在占国土面积70%的森林里,我感受到一种可能性,这里的资源可能会塑造出未来的日本文化。最重要的是如何使用这些木材。无垢材、集成材等等用法繁多,若像对待平切单板一样"怠慢"了它们,在这些珍贵的木材表面刷油漆,或是残留一部分白白浪费掉,那实在太可惜了。木材文化是日本文化的精髓,我们必须巧用木材。

自绳文时代以来,日本人一直对木材青睐有加。这一点从法隆寺等木质建筑中可见一斑。除此之外,7世纪时,从中国漂洋而来的镀金铜佛像以木雕这一日本特有的形式得以重现,诞生了一尊又一尊精妙绝伦的佛像,这一段历史也充分体现了木材在日本的特殊地位。对木材的巧妙利用是日本文化的根基,思考未来日本的理想状态时,这也是一个重要的因素。

废弃不用的水车材料。
于1965年左右拆卸。
比起森林中采伐的新木材,
久经岁月、古色古香的古材才是未来的材料。

古材，才是最新的

以古木材为代表，很多日本材料和工艺几乎销声匿迹了，为了给它们注入新的生机，我在2008年成立了"新材料研究所"。基于"传统材料才是最新的"这种反向思维，我们采用古材和古典工艺来建造现代建筑。近来的住宅大多只装饰空间的表面，而过去的日本住宅，空间表面都是直接呈现材料截面的。举例来说，如果是灰泥墙面，一般会在土墙上涂抹两层灰泥，切开会看到厚厚的断层，严严实实地包裹着墙体。内部填得满满当当，表面看上去就存在感十足了。

我家也是灰泥墙面。地板使用从原木上切割下来的樟木，为了欣赏落在灰泥墙上的阴影，我特地要求在即将接触墙壁前才切断木材。铺设地板时，我们采用了随机改变板材长度的传统工艺——"拼铺法"。对于木匠来说，其难度是最高的，但为了让这种古老的工艺传承下去，我特地选择了这种工艺。桌子选用日本人最青睐的无节直纹扁柏，桌脚用的是光学玻璃。这世上不乏富人，然而，肯花钱打造一处符合自己喜好的住宅的人并不多见。为了不让自己成为最后一个"盖房癖"，我一边建造这个样品，一边翘首以盼着新的"风雅人士"。

左：杉本家的地板和墙壁
未使用踢脚板，保留了间隙，
墙壁的影子优雅地投射到地板上。
右：均为灰泥墙面。
桌子选用直木纹的扁柏。

光学玻璃的截面。
极其均匀、透明，
一般用于照相机的镜头等。
杉本先生将其用于桌椅脚。

茶室"雨听天"

杉本博司
SUGIMOTO Hiroshi

所谓茶室，是嗜茶的茶人为客人供茶的场所。就像画家有自己的画风、雕刻家有自己偏好的形状、音乐家有自己的节拍一样，茶人也有自己的茶风。利休创造的草庵茶是利休的茶风，为后世带来了极为深远的影响。在茶室简素清寂的氛围中，沉淀着日本文化的精髓。

利休的弟子们也都树立了各自独特的茶风。古田织部先于西欧的现代主义三百余年，在茶具中开辟了大胆的构图。南坊高山右近虽然没有作品流传到后世，但我相信，作为天主教徒，他的茶里一定融合着自己的信仰。小堀远州创造出了桂离宫一般"华丽的素朴"。茶人是现代社会中的建筑家，而且还是不折不扣的艺术家。茶室需要不断注入创意和心思，茶人独特的审美必须渗透其中。权倾天下的丰臣秀吉，硬是建造出了豪华绚丽的茶室。苍茫的夜色中，暗淡的烛光照射在金箔上的景象，可谓一种华丽而素朴的独特茶风。

利休的茶风是独创一格的。原因在于他想要修建一处朴素简约、大小恰到好处的茶室。提及利休的茶室，就会想起鸭长明那一丈见方的茅舍，先于利休四百余年。贵族出身的他，家道中落后遁入空门，化身一名云游诗人，住在一丈见方的陋室里。回首更久远的历史，平安时代初期的宽和二年，19岁的花山天皇突然剃度为僧，在熊野那智的瀑布源头，即二泷瀑潭的附近结庵修行了三年之久。此地是修验道的圣地，花山院不得已在此成为太上皇，据说是从熊野诸神那里获得了神灵的力量。"庵"字，常用作茶室的名称，意为只能遮风挡雨的陋室。在这里修行，可以得到神佛的神力，或参透诗歌的奥妙，带有深刻的修道意味。

我认为，当时用着舶来茶具、流于奢华的饮茶场所，经利休之手被改造成了禁欲的、冥想的，也可以说带有某种宗教性质的空间。对于利休唯一一个流传至今的茶室——"待庵"，我想尝试一下"本歌取"。所谓"本歌取"，是指借鉴《万叶集》或《古今集》中的经典和歌，改写其中数行以创作新歌的形式。对待庵那二叠空间，我没有做丝毫的改动，只用生锈的镀锌铁皮重新铺了屋顶而已。在利休的时代，土墙的墙体和用稻草或板材铺设的屋顶是最廉价的建材，而在今天，它们的身价已经不能同日而语了。相反，镀锌铁皮成了当下最廉价的屋顶材料。利休特意照搬了"清贫"的住宅，富贵会带来什么恶习，只有富人才知。利休的高尚之处，在于追求清贫，与富贵背道而驰。最终，却结出了"富人伪装成贫者"这一极度扭曲的苦果。人们称之为高雅。

在孩提时代，我每天都在外面玩到天黑才回家。当时的东京，还有空地用来踢罐子、捕昆虫。某天，突然乌云密布，大雨倾盆。我和玩伴们一起跑到附近一间镀锌铁皮屋顶的小屋里避雨。我们在轰鸣的雷声中蜷缩着身子，雨越下越大，像密集的鼓点一般敲打着铁皮屋顶。在感到害怕的同时，我的内心涌现出一种愉悦的、仿佛体会到自然奥秘的奇妙感觉，令我心潮澎湃，欣喜若狂。为了重现儿时的体验，我在这里修建了镀锌铁皮屋顶的茶室——"雨听天"，意为倾听雨水从天而降的声音，源于我儿时的体验。

091—099、101、103页: 摘自展馆"风雅之家"

方案——4

风雅之家
HOUSE OF *SUKI*

住友林业×杉本博司
SUGIMOTO Hiroshi

再现木材的价值

市川晃 | 住友林业 董事长
ICHIKAWA Akira

循环的木材

住友林业

自1691年（元禄四年）成立以来，
以木材为媒介，
致力于在全球开展山林经营、
木质建材的制造流通、住宅家居、
翻修及其他与家居生活相关的服务。
远在企业社会责任备受瞩目之前，
就以"恒续林业"为理念，
为实现社会的可持续发展做出贡献。

与木材一同成长的住友林业，为向铜矿山供应必需的薪炭和木材，从1691年开始经营铜矿山储备林。在明治时代，随着矿业的近代化，木材的采伐量急剧增加，导致铜矿山周边的森林都荒废了。于是，我们开始实施每年种100万棵树的"大造林计划"，使枯木逢春，恢复如初。此后，"伐多少用多少，用多少种多少"的"恒续林业"精神一代代传承下来，不仅支撑着住宅公司，还支撑着木材综合企业——住友林业的经营活动。

日本的森林面积占国土面积的70%左右，是名副其实的森林大国。如此狭小的国土，却拥有这般广阔的森林，这在全世界也是非常罕见的。近代化以前，日本人在生活中非常亲近森林，他们对应该保护和应该利用的森林有着明确的区

住友林业将守护日本的森林
作为自己的社会使命。
在北海道、四国、和歌山、
九州等日本各地拥有自己的林场，
林场总面积约占国土的1/900。

分。日本的木造建筑便是其中一个象征。但遗憾的是，现代的日本人更加倾向便利，正逐渐遗忘这种文化。

现代社会出现了以石油化学产品为代表的各种各样的材料，然而，木材资源具备其他材料没有的"可持续性"。在生长的

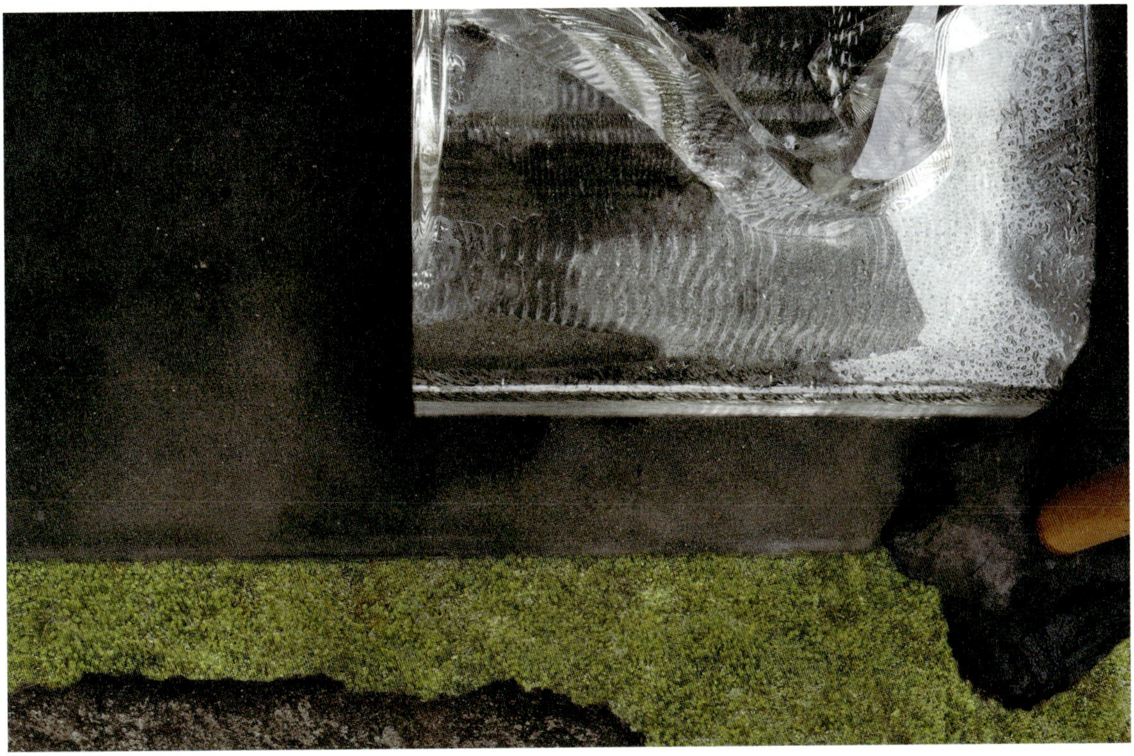

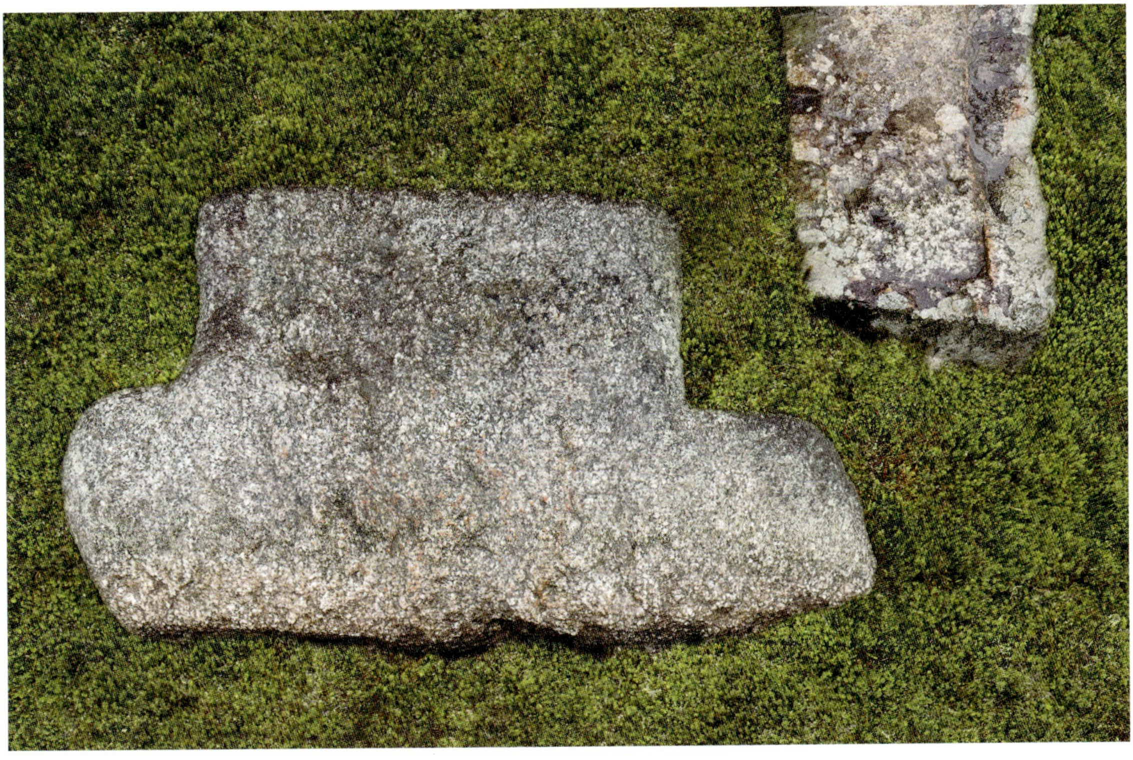

过程中能够吸收二氧化碳，用作建筑材料之后，人们重新种植的新树苗又开始吸收二氧化碳……这种持续性的循环带来的环保效果，有着重要的价值，是无法用眼前的经济利益来估量的。

日本的森林资源

住友林业在住宅建造领域也非常注重持续性。在创新价值的同时，旨在提供一个越住越好的家——5年、10年之后，随着时间的流逝，风味越来越浓郁。我们的理想住宅，不是和枯燥无味的物质共同生活，而应该充盈着木材的温暖气息。

杉本博司先生在HOUSE VISION展出的"风雅之家"和茶室，与我们的观念如出一辙，不同凡响。他将古材作为新材料加以巧用，给我们带来了前所未有的启示。

此外，隈研吾先生设计了木架会场，以简单易懂的方式，将木材独有的魅力表现得淋漓尽致。将木构件在东北地区（指日本东北地区）作为建材重新利用，这个创意也非常独特。

如此可见，只要精心管理森林，便可一直循环使用木材。这种材料是绝无仅有的。虽然人们常说日本资源贫瘠，但雨量

岁月愈久、味道愈浓的木材。
照片中是杉本先生，
正在东京大田区经常光顾的店铺里挑选古材。

充沛、森林资源丰富，因此拥有木材这种值得自豪的资源。我们衷心地希望，此次展览可以成为一个契机，使人们重新发现木材的价值。

壁龕: 利休之信 致妙喜庵 二十八日

5

家具之家
HOUSE OF FURNITURE

如果用家具代替柱子，用墙壁支撑住宅，

就能避免繁杂和浪费，

呈现一个清爽简洁的居住空间。

无印良品通过数千种生活用品，

坚持着对生活方式的思考，

在收纳方面积累了周到细致的智慧，

形成了精致纯熟的商品模式。

建筑家坂茂先生把问题和答案的距离缩到最短，

发挥独到的创造性，也因这种明快的风格而为人所知。

特别是以再生纸管为结构的建筑，是先生享誉世界的名片。

他提出的方案，并非用纸造屋，

而是用收纳家具来支撑建筑，以此节约空间和资源，

用极致合理的简洁，诠释出我们的家。

家具作为建筑的支撑结构，从整体到细枝末节，

都与无印良品的收纳模式保持一致，

由此打造出一个极度简洁的"家具之家"。

作为结构的收纳家具
"家具之家"中，没有墙壁，也没有柱子。
收纳家具本身即是家的支撑结构，
以此可以实现一个物尽其用的简洁空间。
在这个简洁明快的空间中，
居住者可以尽情地张扬自己的个性。

在室内种植蔬菜
无印良品的"不锈钢组合架"，
有水培功能。
可以在家中采摘新鲜的蔬菜，
立马拿到厨房烹调。

从一把勺子, 到一个家

叉子和勺子整整齐齐地摆放在盒子里,
篮子井井有条地摆放在收纳架上。
无印良品从小物件到收纳家具,
产品统一模块化处理(标准尺寸),
产品尺寸在此基础上串联起来。
可以说, 这种秩序感构成了生活的背景。
"家具之家"正是立足于这种模块化而设计的。

40 - 50岁夫妇的两口之家

并非空无一物的住宅,
而是能感受到生活气息的展示空间。
支撑这一切的,
是拥有7000多种生活用品的无印良品。

床也能作收纳用

床下隐藏着大容量
的收纳空间。

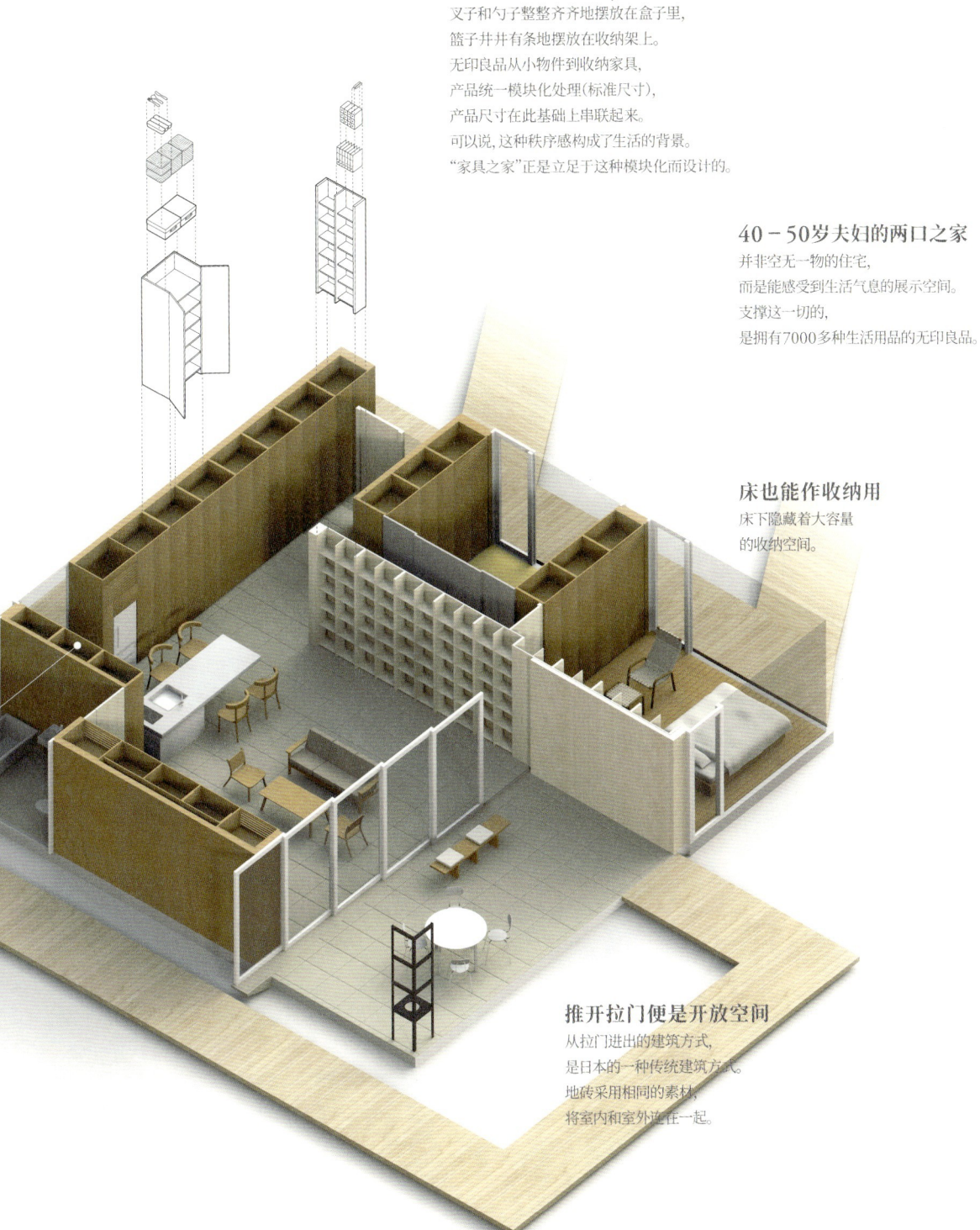

推开拉门便是开放空间

从拉门进出的建筑方式,
是日本的一种传统建筑方式。
地砖采用相同的素材,
将室内和室外连在一起。

物尽其用的建筑

坂茂
BAN Shigeru

建筑师、京都造型艺术大学教授。
生于1957年。1982年入职矶崎新工作室。
1983年毕业于美国柯柏联盟学院建筑系。
1985年成立坂茂建筑设计。
1995年至2000年，任联合国难民事务高级专员办事处的顾问。
2001年至2009年，任庆应义塾大学教授。
2010年担任美国哈佛大学客座教授。
主要作品有"幕墙之家"
"汉诺威国际博览会日本馆"
"蓬皮杜社梅斯中心"等。
曾获日本建筑学会奖作品奖、
艺术选奖文部科学大臣奖、
法国艺术文化勋章等众多奖项、奖章。

日本的家——可抗衡全世界的武器

谈到日本的家，不得不提我们独特的住宅文化。或许很多人尚未意识到，中产阶级会委托建筑师为自己设计住宅，而放眼全球，除了日本以外，无论是发达国家还是发展中国家，都没有这种习惯。在其他国家，除了富裕阶层，大家都住在老房子或公寓里。也只有在日本，建筑公司能造出这么多预制装配式住宅（俗称"拼装房"）。

而且，我在国外经常听说，只有日本才能不断培养出优秀的建筑师。上文提到日本独特的文化，就是原因之一。在日本，设计私人住宅的机会层出不穷，跃跃欲试的年轻建筑师们轻而易举地就能获得实战机会，从而积累大量的实战经验，可以脚踏实地地提高自己的能力。

当然，无论建筑师提出多么有趣的方案，若户主没有做好准备，也无法变为现实。但是，由于日本人对隐私没有什么抵触，生活方式也比较自由，因此这种做法在日本行得通。特别是在生活方式方面，祖父母一辈住日式住宅，而父母一辈变成日西结合，到了孩子们这一辈，从小就住在没有日式房间的家里，仅仅三代人的生活，就发生了翻天覆地的变化。因此，人们能够灵活地适应环境的改变，欣然地接受建筑师个性洋溢的提案，并且轻轻松松地就能习惯新生活。

这种环境在全世界也是极为罕见的，这里沉淀着其他国家难以比拟的、丰富的住宅建造技术。因此，HOUSE VISION认为，只要把这些智慧汇集在一起，便能创造出足以与全世界抗衡的武器，我深以为然。

从一把勺子到整个住宅，
无印良品网罗7000种以上的商品。
"家居之家"，经过长期的改善和积累，将高完成度的
模块化收纳应用于家具当中，从而构成住宅的结构。

5 家具之家

"家具之家"和无印良品

展览会上的"家具之家"，从1995年建成之初就与无印良品的理念如出一辙。原因在于无印良品贯彻如一的风格，不断地追求合理性、功能性和极简主义。这可以从统一的模块化收纳用品中窥见一斑。当今世上，迎合流行趋势开发低价商品的服装生产商、按照客户要求建造各种住宅的建筑公司不计其数，而无印良品自成立以来便一直对这种曲意逢迎持否定态度。

我也同样，从学生时代开始，就梦想成为一名不随波逐流的建筑家。学建筑史的时候，知道了理查德·巴克敏斯特·富勒（Richard Buckminster Fuller）和弗雷·奥托（Frei Otto）等具备个人风格的建筑家，他们都创造出了独特的结构形式、工艺以及材料。因此，我把结构和材料的选择作为建筑的核心，"家具之家"也是如此。还有一点贯彻始终，那就是"物尽其用"。我时常在想，建筑不是一种装饰品，应做到物尽其用、均衡合理才好。这种志向和无印良品的生产理念几乎不谋而合，此次能和无印良品合作，我感到很开心。

家具之家 | 1995年
不仅利用收纳家具支撑住宅，
还在后方搭建了木质立柱，
提高了结构的强度。

组合式木架
可根据喜好自由组装。单个架子尺寸为：
内部37.5厘米×外部42厘米。
模块化设计，确保可装入收纳用品。

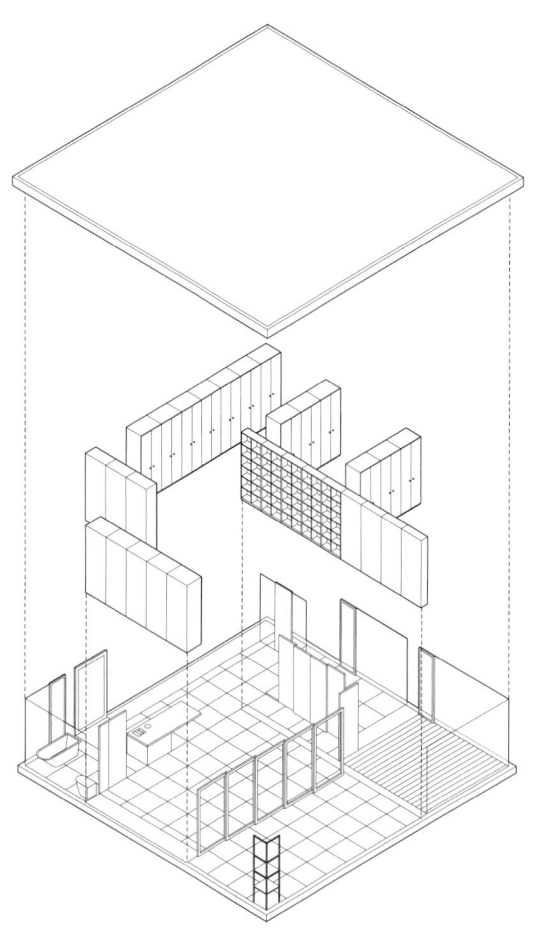

改变现有材料的意义

"家具之家"的构思来自阪神大地震。当时，倒塌的家具导致伤亡人数不计其数，相反也有一些人因身处家具之间，而躲过了塌陷的屋顶砸身，逃过一劫。家具有这么重、这么牢固吗？抱着这个疑问，我们做了试验，得知家具确有相当于住宅主体结构的耐久性。于是，我们尝试用家具代替住宅的结构，"家具之家"应运而生。

家具本身是支撑住宅的结构，所以家中没有墙壁和柱子。此外，从隔热、内外墙壁到涂饰，均在工厂施工，因此可以保持建筑的良好品质，而且无须特别的技术，任何人都可以轻松组装。另外，由于现场施工量减少了，产生的垃圾也相应减少，还大幅缩减了工期和人工费。在此次展览会上，家具充当结构，而且与无印良品的模块化收纳保持一致，由此打造出一个物尽其用的、极度简洁的居住空间。

不用过多的物品，不必开发新材料，只需改变现有材料的意义和功能，就能打造一个舒适安全的家。莫如说，正是因为使用了人们意想不到的材料，才创造出一种全新的建筑，"家具之家"便是其中一例。

先铺地板以做基盘。然后放置工厂组装好的家具（即结构），接合起来。最后装上屋顶。

生活用品的尺寸，
也是基于收纳家具的模块化而制作的。
因此，衬衫可以整齐地收入抽屉中，
文具也能"天衣无缝"地摆放在架子上。

方案——5

家具之家
HOUSE OF FURNITURE

无印良品 × 坂茂
BAN Shigeru

创造"舒适生活"

金井政明 | 良品计划 董事长
KANAI Masaaki

成为"生活"的背景

无印良品

无印良品于1980年成立，
打出"有道理的便宜"的口号，
用最恰当的方式，
生产人们真正需要的生活用品。
同时，从注重生活美学的角度出发，
孜孜探求"舒适生活"的真谛。
"无印良品之家"以"永续使用、永恒变化"
为理念，提出可供住户自由改变生活方式、
既牢固又富于变化的家居方案。
继"木之家""窗之家"之后，
"无印良品之家"又推出了
全新的"家具之家"。

无印良品自诞生以来，始终坚持着一种与众不同的思想。从服装、食品、家具，到整个家，虽然开发了7000多种产品，但其目的不在于增加物品，而是尽可能地节省物品、梳理生活，只有这样才能实现丰富且舒适的生活。基于这种理念，从家具到收纳用品，所有产品都统一模块化。

当然，仅仅通过精简生活用品，是无法实现舒适生活的。而且，其目的也不是为了引导人们"吹毛求疵"地去整理收纳。这个时代，人们已经开始发挥主观能动性来规划自己的生活了，我们想提供朴素无华的产品，可以默默无闻地填补有价值的家具和生活用品的空白。因此我们认为，无印良品可以成为一种良好的生活背景，大大激发出人们的个性。

不仅是收纳家具，
保存容器也统一为模块化，
自然而然地
利用了收纳空间。

此次，坂茂先生提出的"家具之家"方案与我们的想法有异曲同工之妙。他通过整个居住空间的设计，展现了无印良品视若珍宝的价值观，例如用家具充当结构，以简化住宅材料和工艺，还有从一开始就赋予住宅简洁的收纳功能等。

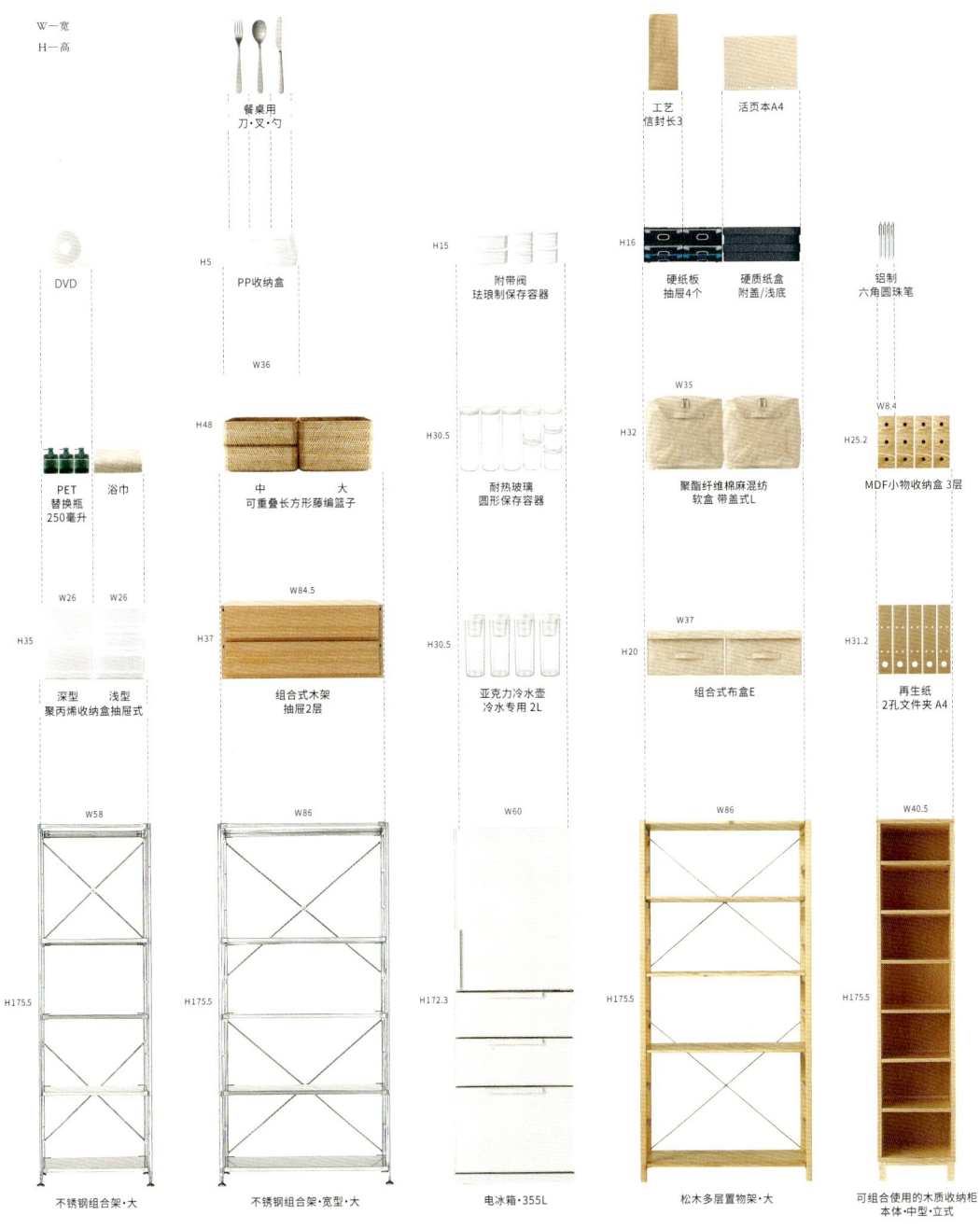

W—宽
H—高

餐桌用
刀・叉・勺

工艺
信封长3

活页本A4

DVD

H5

PP收纳盒

H15

附带阀
珐琅制保存容器

H16

硬纸板
抽屉4个

硬质纸盒
附盖/浅底

铝制
六角圆珠笔

PET
替换瓶
250毫升

浴巾

H48

中
可重叠长方形藤编篮子

大

H30.5

耐热玻璃
圆形保存容器

W35

H32

聚酯纤维棉麻混纺
软盒 带盖式L

W8.4

H25.2

MDF小物收纳盒 3层

W26

H35

深型

W26

浅型
聚丙烯收纳盒抽屉式

W84.5

H37

组合式木架
抽屉2层

H30.5

W37

H20

组合式布盒E

H31.2

再生纸
2孔文件夹 A4

W58

H175.5

不锈钢组合架・大

W86

H175.5

不锈钢组合架・宽型・大

W60

H172.3

电冰箱・355L

W86

H175.5

松木多层置物架・大

W40.5

H175.5

可组合使用的木质收纳柜
本体・中型・立式

从小物件到冰箱等家电产品，
尺寸都是根据模块化的收纳家具确定的。
其目的不在于催促人们去整理收纳，
而是成为能接纳各种生活方式的良好背景。

下一个时代的富足生活

谈到生活富足，很多人会以欧洲国家为例。或许是因为他们的家里有很多年代久远的物件。在欧洲，有很多家庭的桌椅板凳都是世代相传的。而且，这些家具是在消费型社会出现之前制造的，当时很少有商家想方设法地兜售商品，因此家具没有其他的目的，只是纯粹为了让人感到舒适。

我认为，日本人同样继承了实现富足生活的基因。只有日本人，才具备如此敏锐的感受力，能看到朴素的器皿中蕴藏的美，能品尝到无饰的荞麦面里渗透的美味。因此，只要纯粹地去找寻自己认为舒适的物品，日本的家就会自然而然地成为一个舒适的空间。

经历了经济高速发展和东日本大地震之后，我们意识到，拥有高档的、取之不尽的物品，并不一定能带来富足的生活。而综观亚洲，中国和印度等发展迅速的国家似乎都像从前的日本一样，人们对物质至上的生活梦寐以求。我们有必要分享此前的经验，和他们一同思考未来。因此，无印良品在关注生活方式的同时，也应承担起相应的责任。

虽然平价，
但最适合自己，
质地良好，手感舒适，
让人不由自主地
想置于身旁。

组合式木架

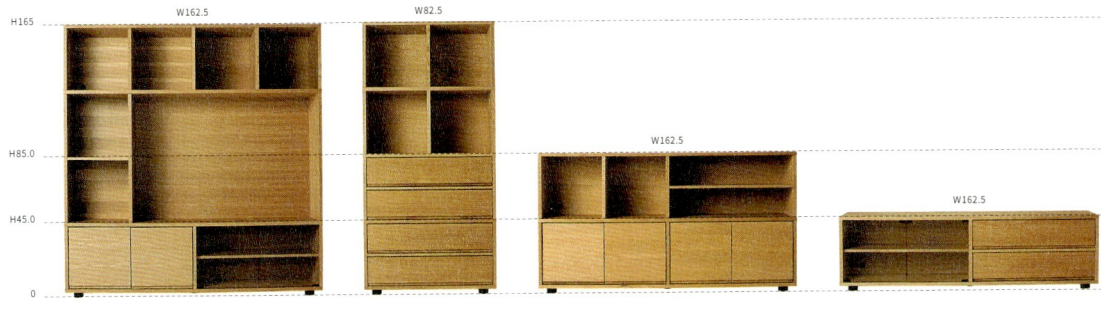

组合柜

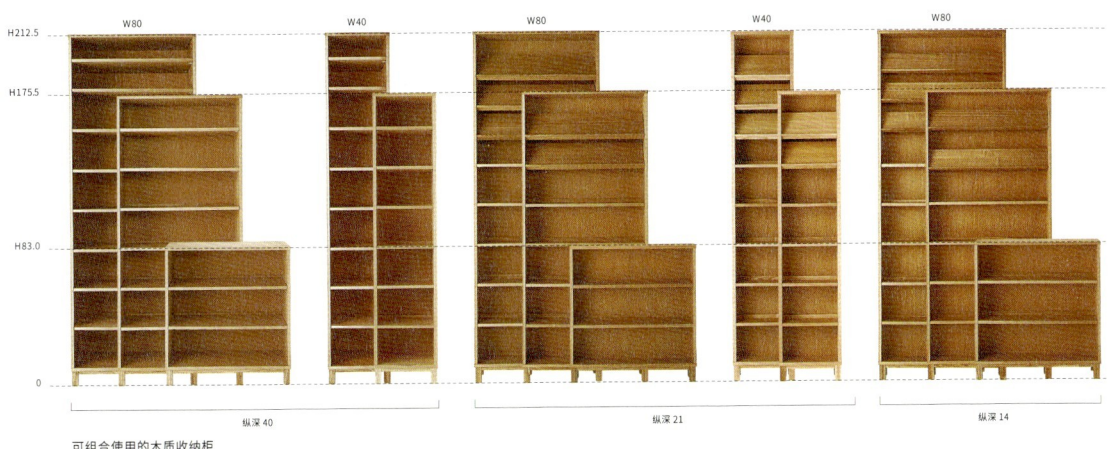

可组合使用的木质收纳柜

组合架没有背板，可以作为房间隔断。
组合柜可自由定制。
浅型木质收纳柜，可置于走廊墙边。
大小尺寸应有尽有，可以最大限度地巧用现有空间。

6

极致空间

SUPERLATIVE SPACE

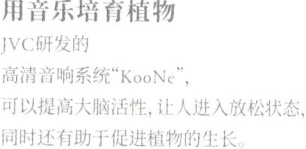

地板是透明的, 地板下面和内壁都种满了植物。

开口的设计绝妙无比, 虽然关闭, 却如同打开一般。

建筑师成濑友梨和猪熊纯设计了一个独处空间,

可以偶尔逃离日常的喧嚣。

住宅设备和卫生器具的进化,

将生活环境的清洁度和舒适度提升到前所未有的水平。

日本人习惯进门后脱鞋, 既可转换心情, 还能保持室内清洁。

得益于这种近乎洁癖的习惯, 或许在极度洁净的卫浴空间,

将会诞生一种全新的生活美学。

高科技的坐便器脱离地面, 固定到墙壁上, 水平伸出。

此外, 随着窗户的封闭性和功能以及玻璃性能的提高,

对空气和光线的调节以及视觉效果,

都将给人们带来前所未有的舒适感。

一个超越住宅本身的、居住空间的全新概念业已诞生,

孕育着细腻微妙的感受性。

用音乐培育植物
JVC研发的
高清音响系统"KooNe",
可以提高大脑活性, 让人进入放松状态,
同时还有助于促进植物的生长。

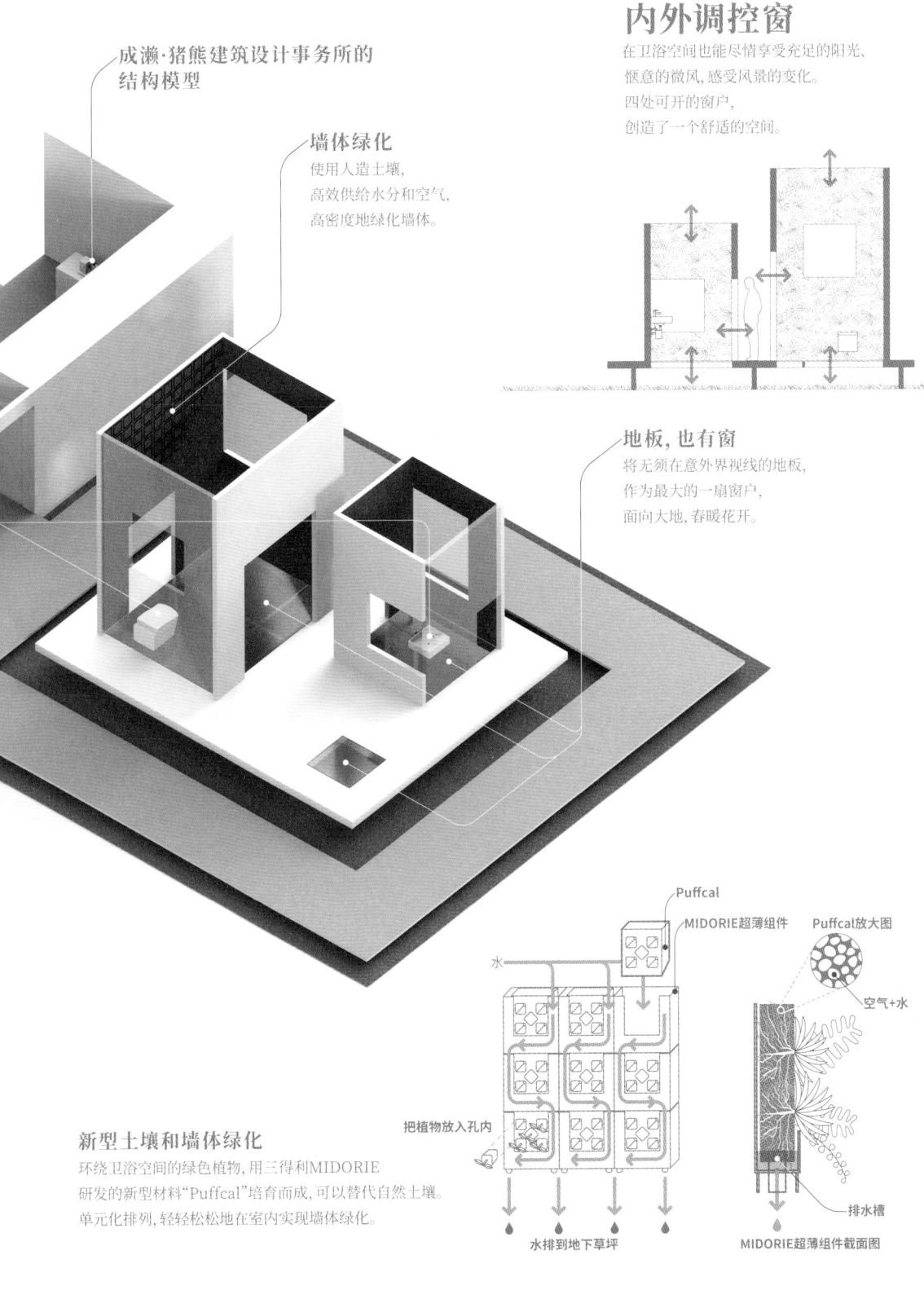

成濑·猪熊建筑设计事务所的
结构模型

墙体绿化
使用人造土壤,
高效供给水分和空气,
高密度地绿化墙体。

内外调控窗

在卫浴空间也能尽情享受充足的阳光、
惬意的微风,感受风景的变化。
四处可开的窗户,
创造了一个舒适的空间。

地板,也有窗
将无须在意外界视线的地板,
作为最大的一扇窗户,
面向大地,春暖花开。

Puffcal

MIDORIE超薄组件

Puffcal放大图

水

空气+水

把植物放入孔内

排水槽

水排到地下草坪

MIDORIE超薄组件截面图

新型土壤和墙体绿化

环绕卫浴空间的绿色植物,用三得利MIDORIE
研发的新型材料"Puffcal"培育而成,可以替代自然土壤。
单元化排列,轻轻松松地在室内实现墙体绿化。

独居空间的丰富性

成濑友梨、猪熊纯
NARUSE Yuri　　INOKUMA Jun

成濑友梨, 建筑师、东京大学助教。
猪熊纯, 建筑师、首都大学东京助教。
2007年, 共同设立
成濑·猪熊建筑设计事务所。
以"空间共享"为理念的作品有
"陆咖啡""空间""Fab咖啡"等。
曾获2009年国际建筑奖、
2009年亚洲最具影响力设计大奖、
2008年色彩设计师国际大赛特别提名奖、
世界空间设计师奖等多个奖项。

将"室外"搬进了室内, 绿意盎然的卫生间

不同于全家欢聚一堂的客厅, 也不同于各自独享的卧室, 卫生间是一个独自使用的小空间, 但却不属于个人所有。换言之, 它是一个单人的公共空间, 在家中独此一处。然而, 在设计住宅时, 很少有人优先考虑卫生间的布局和面积。在公寓等住宅形式中, 为把有限的窗口置于客厅和卧室里, 人们更倾向于把卫生间安排在光线昏暗、不通空气的地方。

我们想找到卫生间特有的丰富性。不是独自闷在房间里, 也不是在起居室或厨房和家人聊天, 虽然只有短短几分钟, 却能安静独处。或许在某种意义上, 卫生间就是家庭生活中的留白。

之所以能意识到卫生间的特殊性, 和我们平时的工作是分不开的。因种种原因, 设计共同生活的共享住宅、多人合用的共享办公室的工作越来越多, 现在设计的共享型建筑已占整体的8成左右, 作为一家设计事务所, 这略显与众不同。但是, 正因平时设计了很多大家共同生活的空间, 我们才意识到可以独处的卫生间是多么重要。

那么, 什么是生活的留白呢? 这与一个人散步的感觉有些相像。是一个让人转换心情, 得到片刻放松的空间。而卫生间不就是一个能够独自占有的方寸之地吗? "虽在家中, 却如同置身室外"。

此次的展示空间正是基于这一构思, 仿佛身在室外一般。设计时, 我们将原本在室外的绿色植物搬到了室内的墙壁上, 还将不必在意外界视线的地板(不同于窗户)设计成整个空

利用模型反复研究，直至最终的成品。
上图是初期方案。
尽可能减少墙壁，向外界开放。
立体式堆积窗户、悬挂网状的半透膜……探索不止。

间中最大的窗户，面向地面打开。狭小的空间在墙壁的包围中，保持着原有的安心感。同时，绿色植物遍布其中，充足的阳光和惬意的微风透过大小各异的窗户钻了进来。时光流逝，季节更迭，窗外的景色日日不同。翠色欲滴，香气弥漫，阳光和声音时时变换。这个透明而广阔的空间，能带来丰富的感官体验。

内与外、垂直与水平，全部反转

近年来，日本的公共卫生间发展突飞猛进，甚至出现了自动冲水、自动清洁的设备。而车站和商业中心的卫生间也打理得异常整洁，在全世界都是无出其右的，甚至连家里的卫生间都要甘拜下风。在此次展览上，我们想打造一处让最新的公共卫生间也望尘莫及的"极致空间"。虽然每天只"光顾"几次，总共也不过数分钟而已，却能给每位家庭成员提供片刻的安逸，是名副其实的单人公共空间。

虽然看上去是居住空间的原点，实际上却离不开现代科技的支持。本应置于地板上的坐便器浮在空中，本应置于墙上的窗户落到地板上，本应生长在地面上的绿植移到了墙上。换言之，在这个空间里，不仅仅实现了室内和室外的反转，甚至连垂直和水平也反转了。但每一种创意都要依托发达的现代科技，才能梦想成真。比如说，坐便器从墙上突起，人却能踏踏实实地坐在上面，这就需要供水、排水的处理全部可以在墙内完成等。

为什么时代需要新的空间呢？我们平时在设计共享型建筑时，会产生一些新的生活方式和工作方式，乃至前所未有的人际关系和创意，相信这些都会成为创建未来社会的契机。希望此次展出的小空间，也能发挥同样的作用，成为人们迈向全新未来的阶梯。

上图是最初的模型。
墙壁和地板反转，窗在地板上，坐便器在墙上。
下图接近最终方案。（关于开窗的样式以及私人空间。）

从不计其数的模型中, 可以发现创意突变的痕迹。
相比其他展示空间,"极致空间"虽然元素精简,
但通过大量的方案, 创意不断扩散,
兜兜转转不断推敲, 才确定了最终方案。

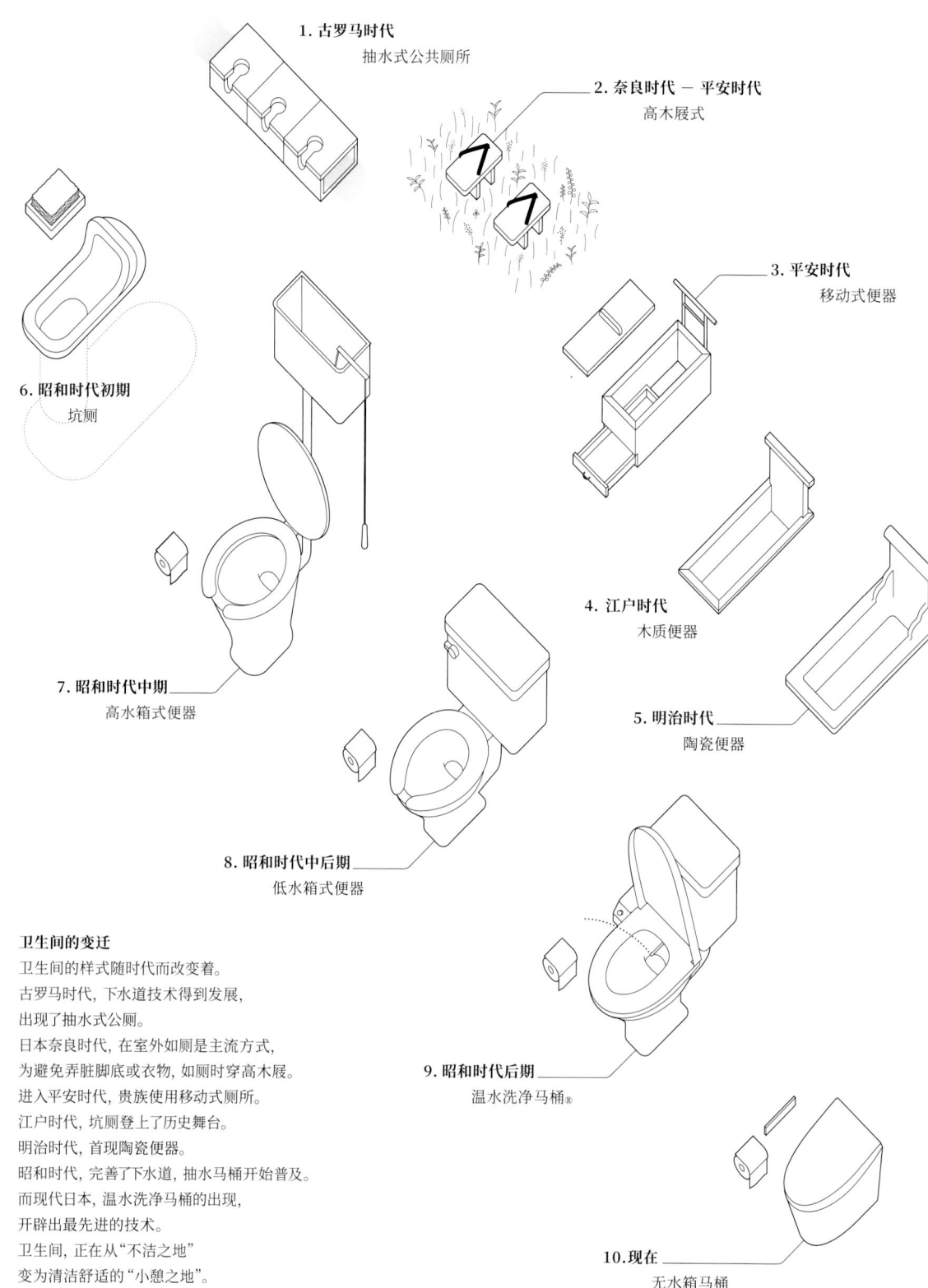

1. 古罗马时代
抽水式公共厕所

2. 奈良时代 — 平安时代
高木屐式

3. 平安时代
移动式便器

6. 昭和时代初期
坑厕

4. 江户时代
木质便器

5. 明治时代
陶瓷便器

7. 昭和时代中期
高水箱式便器

8. 昭和时代中后期
低水箱式便器

卫生间的变迁
卫生间的样式随时代而改变着。
古罗马时代，下水道技术得到发展，
出现了抽水式公厕。
日本奈良时代，在室外如厕是主流方式，
为避免弄脏脚底或衣物，如厕时穿高木屐。
进入平安时代，贵族使用移动式厕所。
江户时代，坑厕登上了历史舞台。
明治时代，首现陶瓷便器。
昭和时代，完善了下水道，抽水马桶开始普及。
而现代日本，温水洗净马桶的出现，
开辟出最先进的技术。
卫生间，正在从"不洁之地"
变为清洁舒适的"小憩之地"。

9. 昭和时代后期
温水洗净马桶®

10. 现在
无水箱马桶

上图是此次展览中采用的、
面向海外市场的温水洗净马桶®一体式壁挂坐便器。
不是置于地面, 而是从墙壁中突出,
足底空间更清爽利落, 还能保持地板清洁。

方案——6

极致空间
SUPERLATIVE SPACE

TOTO、YKK AP×成濑友梨、猪熊纯
NARUSE Yuri   INOKUMA Jun

日本卫生间，一跃成"空间"

张本邦雄 | TOTO 董事长
HARIMOTO Kunio

TOTO

自1917年创立以来，
始终坚持"创造生活价值"的信念，
关注并关怀着人和生活。
作为住宅用水器具的生产商，
持续为住宅等各种建筑
提供卫生间、浴室、组合厨房、
洗漱台、化妆台等用水器具。
2017年正值TOTO创立100周年，
TOTO提出了"TOTO V计划2017"，
作为"真正的全球化企业"扎根当地，
同时在世界各国的新兴市场中
推进各项事业。

虽然TOTO是用水器具的综合生产商，但创业以来坚持至今的卫浴器具才是企业的根基。在技术上追求精益求精、努力钻研的研究人员，支撑着TOTO的持续发展。例如，TOTO研发的创新产品——温水洗净马桶"Washlet®"广为人知，在这30年间，它不仅保持着出色的清洗功能，还节约了1/2左右的用水和1/4左右的能耗，实现了技术革新。

近来，TOTO卫浴产品在世界各国的使用越来越普遍，但是，要让从未来过日本的人认可TOTO品牌的强大实力，还需要一定的时间。即便是人们熟知的"Washlet®"，虽然也有外国友人在来日本之后就欲罢不能地掏了腰包，但距离广泛普及还需时日。不过，在日本国内也用了10年之久才步入稳定，想必TOTO的产品最终一定会普及世界各地。

近年来，新建、翻修住宅的人越来越多，服务形式也不能再因循守旧了。翻修时人们很清楚自己对哪里不满，但是，很多人不知道究竟是需要改变结构、方案，还是器具。如果家里有老人，还应该对布局和门的位置提出合理的建议。看来，只诉求器具功能的时代要落下帷幕了。

日本过去把卫生间从室外搬到了室内，称之为"不净"（意为不洁之地）。后来，人们越来越重视狭小的室内空间，卫生间摇身一变，成为"使人感到安心的空间"了。从"不洁之地"一跃成为"极致空间"，此次展示的正是这种具有日本特色的空间。希望通过这次展览，人们可以意识到卫浴空间在家里的重要性。

"窗户"，拥有改变生活的能力

堀秀充 | YKK AP 董事长
HORI Hidemitsu

YKK AP

成立于1957年，坚持为用户提供
"创造舒适空间的门窗产品"、
建设美丽城市的"建筑幕墙"等。
YKK AP以"门窗"为核心，
向世界各国提供优质的产品。
YKK AP认为，住宅和建筑里包含着人类活动，
属于社会资产、文化乃至地球环境的一部分。
旨在通过各种建筑产品，
为人们的生活和城市空间
提供符合时代潮流的先进的舒适享受。

如今，YKK AP以"窗户"企业自居。在人们越来越关注环境和节能的背景下，YKK AP从生活者的角度出发，把窗户作为住宅生活中的重要一环。

在从前的日本住宅中，中间区域发挥着隔热和隔音的效果，如用屏风隔开的宽廊等。为了让窗户承载这些功能，我们做了大量的研究，但现实中是没有人一年四季闭窗而生的。因此，我们想在"开"和"关"这两种相反的功能之上，设置一种可随季节改变的"隔层"，像过去的竹帘和苇帘一样。

此外，我们近期还在研究窗户的打开方式和通风之间的关系。即便在城市中心的密集地带，只要合理配备高低不同的窗户，也能感受到清凉的微风，生活将因此而不同。

通过此次"极致空间"的方案，我感受到窗户具有非凡的潜

窗户可以令阳光、景观、声音、空气、
气温、味道、湿度自由融通，
是居住空间中非常重要的一部分。
它创造性地将内与外划分了层次。

能。随处可开的窗户，为生长在墙壁和玻璃地板下的植物供给着必需的阳光，而人们也能享受阳光、微风、美景、绿植，度过惬意的独处时光。

7

编辑之家

EDITED HOUSE

把家初始化，
从零开始编辑

准备一个空无一物的房屋骨架，
营造一个有空隙的生活场景。
寻找自己能够融入其中的空间，
亲身体验亲手创建住宅的过程。

典型的公寓回归骨架阶段，从"初始化"状态提出住宅方案。

通过具体展示"任何人都可以

实现个性化的居住空间"的过程，唤醒人们的住宅素养。

最早觉察到"家"的编辑权将转移到住户手中的，

是持续为人们提供书籍、音乐、电影等

知识性娱乐产品的茑屋书店，

以及引领着住宅再生的东京R不动产。

二者强强联合，共同探索住宅的编辑之法。

展示构成住宅的配件和材料，

确认可自由编辑的程度，此外还展示了地板、

墙壁等材料选择的多样性，以及所需的人工成本，

并公开编辑自家住宅的方法。

自己构想、打造属于自己的家。

其中的充足感和幸福感，等待着人们去体验。

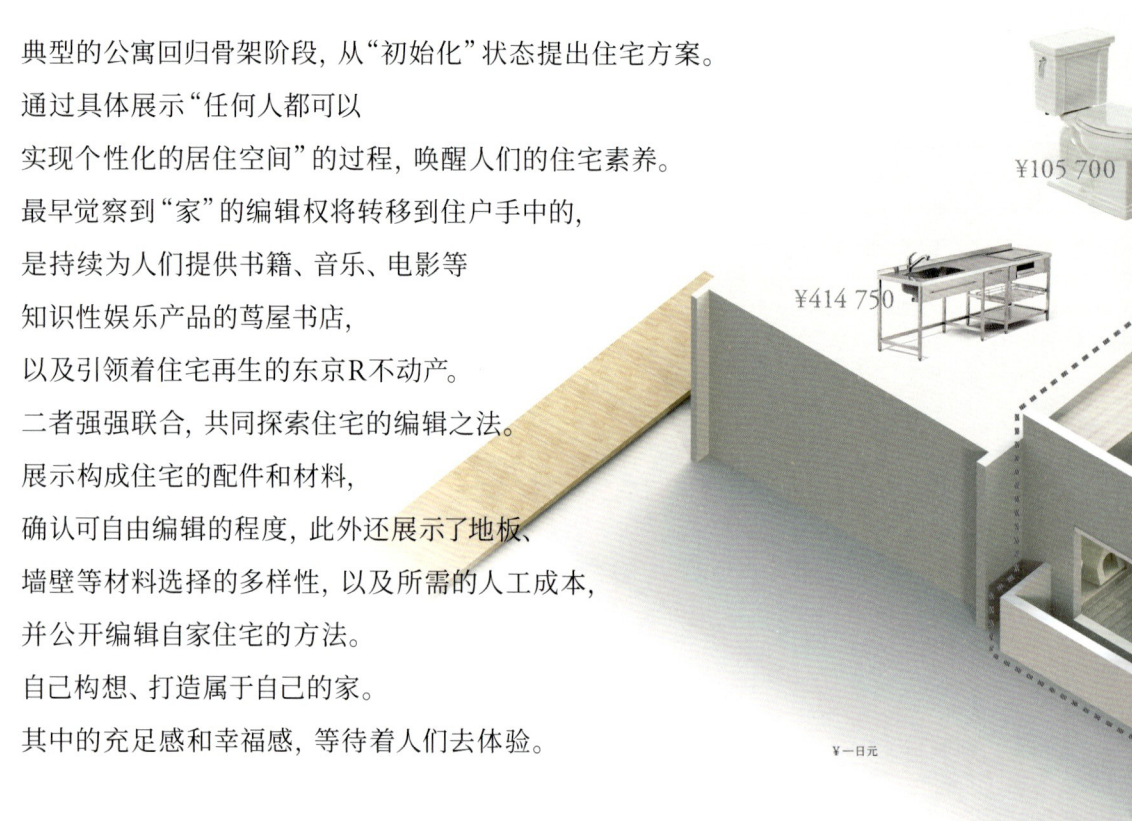

¥105 700

¥414 750

¥一日元

何谓工具箱

东京R不动产的网站"R不动产工具箱"
提供了一个用于自由编辑空间的工具箱，
汇集了编辑墙壁、地板、厨房、卫浴的材料和方法。
展览会上以有形的方式，
展示了这些建筑材料和配件。

¥168 000

床×壁橱

嵌入墙里的床，
宛如家中一处隐居之所。
把卧室面积控制到最小，
使客厅更加宽敞。

书房×卫生间

作为极致的独处场所，卫生间将成为一种新型空间，
供人们沉浸在自己的爱好之中。

单间×隔间

可自由移动的单间。
移动到安静的地方，
独自一人，保持专注。

客厅×浴室

不仅可以窝在沙发上看电影。
客厅的功能将转移到浴室中。

享受用水乐趣的水阀

厨房×餐桌

面朝正在精心烹饪美食的母亲，或写作业，或忙工作。
一个供家人欢聚的宽敞空间。

收纳×墙壁

给厚实的墙壁赋予收纳功能，
空间中放置最少的物品，
变得更简洁、宽敞。

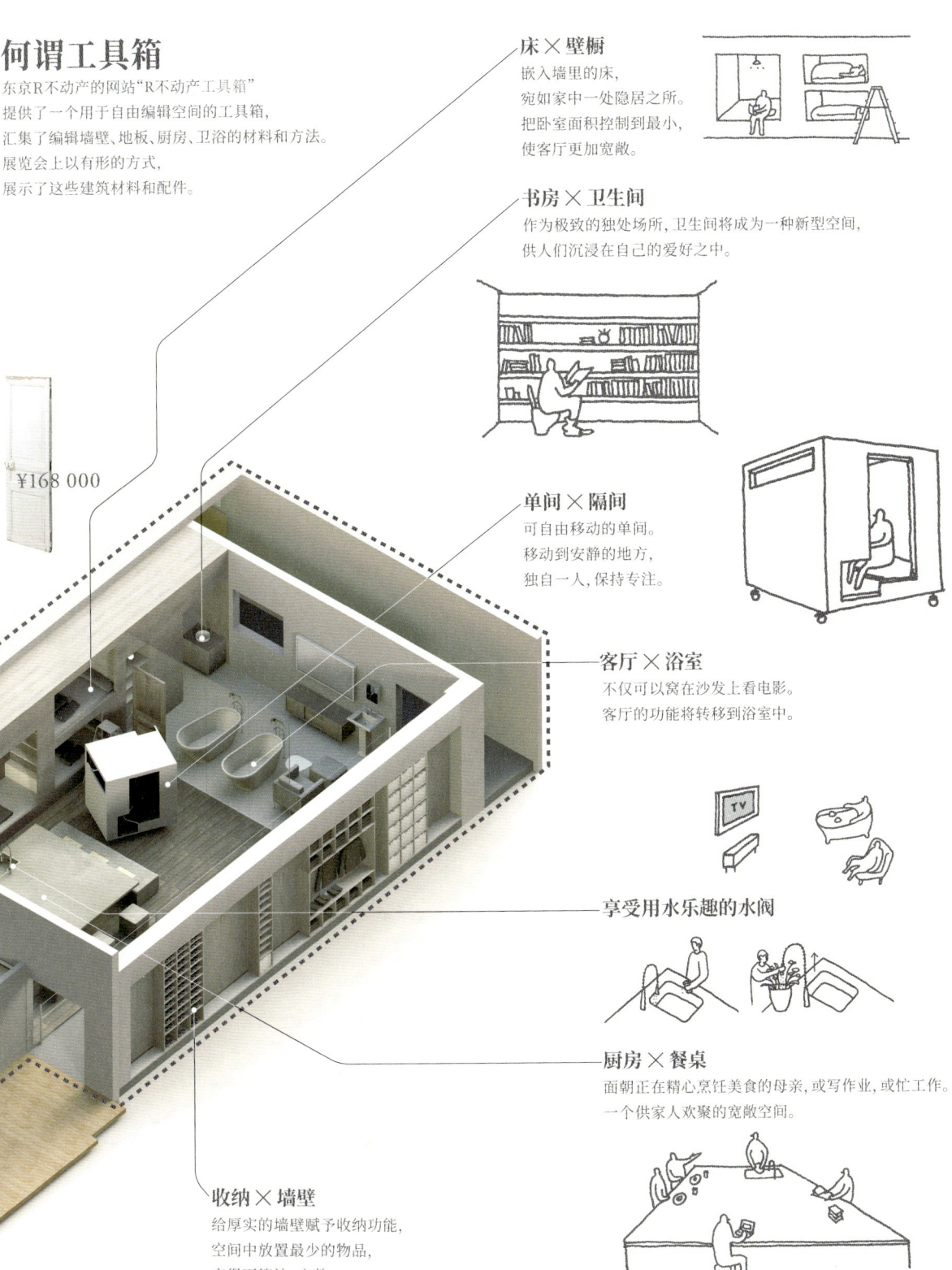

编辑之家

BABA Masataka, HAYASHI Atsumi, YOSHIZATO Hiroya

东京R不动产

2003年，"不动产精品店"网站成立，
站在全新的视角，发现并分享不动产。
从庞大的房屋市场中，
精心挑选出独具匠心者，
发掘并分享其内在的魅力。
之后扩展至福冈、金泽、大阪等地区，
当前的月访问量高达300万左右。
2011年，"R不动产工具箱"上线，
通过网站为人们提供
各式各样的空间编辑工具。

运营空间编辑网站

HOUSE VISION的理念是"未来居住新常识"，这和我们
的基本思路如出一辙。

我们现在运营着一个叫作"东京R不动产"的网站。这个网站
以全新的视角寻找、分享房屋。当然，生活方式因人而异。看
似有点另类的房屋，对某些人来说或许正是他们梦寐以求的
空间，最重要的是适合自己。我们从庞大的房屋市场中精心
挑选，挖掘别处没有的房屋的内在魅力。可以说，这个网站
就像是一家不动产精品店，同时也是一种全新的媒介。

然而，找到了适合自己的空间，住进去之后，住户会产生各
种各样的想法，比如"想把这个壁纸换掉""如果卫浴这样
就好了"等等。此时，有没有方法获得真正想要的建材、材料
或工具呢？在日本，一般是通过土木工程公司进行订购，除
此之外再无他法，这太不合理了。若只需花一点工夫，就能
定制自己专属的墙壁、地板、厨房、浴室，那该多好啊。"R不
动产工具箱"正是基于这种想法的产物。

"R不动产工具箱"的理念是用来编辑个人空间的工具箱，分
享供人们自由改变装修的创意和效果图，以协助住户编辑
住宅，为家披上新衣。"R不动产工具箱"提供的一切服务，
都是同设计师、施工单位、个体工匠、生产商等专业人士合
作完成的，涉及各个方面的编辑工作。首先，在东京R不动
产页面选择"箱"，然后在"R不动产工具箱"中选择"配件"。
我们想在展览会上感受一下，人们对我们编辑居住空间的行
为会做出何种反应呢？

拆毁所有内部空间，重返骨架状态。
将建筑结构——"骨架"
和内装设备——"内部空间"分开思考，
开始一场适合自己生活方式的改造之旅。

幻想成现实，享受打造住宅的过程

东京R不动产的与众不同之处，在于把家看作日新月异的。寻找、发现、购买、居住，住进去之后也不断找寻需要改变的地方，按照自己的生活方式做出改变。不断更新、变化，永不止步。我们想传递的正是这样一种住宅模式。

构筑未来之家，有几个要点。最重要的是新建住宅不再是必需条件，而翻修将广泛普及。我们认为这是一个自然趋势。任何人都对理想空间有自己的憧憬和想法，与其从设计师那里得到一个成品方案，不如自己发挥想象、享受幻想变成现实的过程，这将成为今后住宅的理想形式。换言之，不断地丰富协助这种编辑行为的机制和触发想象的媒介，这会变得越来越重要。住户不再被动地接受，而是自发地参与其中，由此产生对家的依恋。这种依恋将成为真正的价值，而价值本身将不再是一个物质性的存在。

在日本，住宅就要购买完成品，这种观念太过深入人心了。或许，在一个国家的发展过程中，必须要有一个平等供房的时期，用最低的价格为最多的人提供住宅。但是，这一时期早已成为历史，现在即将步入一个新的时代，人们像挑选衣服一样自己选

摘自《东京R不动产2》。
这所可自由改装的公寓，
距离初台车站只需步行5分钟。
人们编辑成了住宅、工作室、店铺等等。

择、自己创造住宅。因此，供给方也应该审时度势，与时俱进。

"家"的编辑权逐渐转移到住户手中，
于是，我们开始提供配件和材料，用在初始化的骨架住宅中。

（摘自"R不动产工具箱"，后续3页内容为"工具箱"的实际商品）

陈列柜

商品名：铝制镜柜
生产厂商：BOLTS HARDWARE STORE
纯铝材制成的质感柔和的镜子。
可收纳牙刷等小物件。
双层式。

收纳架

商品名：可移动收纳架
生产厂商：ANGULO
将房间的一整面墙壁打造成一
个收纳架。
更换安装一步到位。
可根据收纳的物品自由编辑。

书架

商品名：嵌入式书柜
适用中型本书籍，3层式；适用杂志，2层式
生产厂商：濑尾商店
浅型书架，
用书填满房间的每个角落。
可自由组合
文库本、中型本、杂志书架。

支架

商品名称：支架/不锈钢150
生产厂商：DRAWER
精心装饰的金属支架。
铁、黄铜、铜、不锈钢制成。
古香古色。

脚手片地板

商品名称：脚手片地板 厚35毫米（珍藏品）
生产厂商：WOODPRO
材料原本不是地板材料，
而是施工现场用旧的板材。具有新建材没有的粗糙感。

地板砖

商品名称：无垢地板砖（有杉木节）
生产厂商：西栗仓·森之学校
直接铺在地面上即可，
也可用于出租房。无垢材质的地板，
拥有木材的质感和清香。
有杉木和扁柏两种选择。

榻榻米

商品名称：布边榻榻米
生产厂商：BLUE BIRDS DESIGN
五颜六色的布边和正方形的造型，
与地板自然融合的灯芯草榻榻米。
约为0.81平方米大小。

水阀
商品名称: 双柄洗漱台混合水阀
生产厂商: 科勒
简洁而考究的造型，
金属质感的复古风水阀。

浴缸
商品名称: 扁柏浴缸
生产厂商: 桧创建
如同蚕茧般的曲面和浓郁的丝柏清香，
温柔地包裹全身。
尽享优雅沐浴。

五金
商品名称: 黄铜五金
生产厂商: 金具屋
黄铜把手、拉手、挂钩、毛巾架，
随着时间流逝，材料散发出独特的内涵。

挂衣杆
商品名称: 挂衣杆
生产厂商: DRAWER
可根据空间大小定制合适的长度。
有铁、黄铜、铜、不锈钢四种材质。
可用来挂毛巾或小物件。

洗漱台
商品名称: 立柱盆
生产厂商: 科勒
经典立柱式洗漱台，
使人联想到国外
老电影里的场景。

坐便器
商品名称: 分体坐便器
生产厂商: 科勒
传统的陶瓷坐便器。
在自己家中重现
美国老牌酒店的化妆室。

瓷砖
商品名称: 有田烧瓷砖
生产厂商: LIVES
佐贺县陶器工业协同组合
器皿生产商制造的瓷砖。
有田烧独有的白瓷
和蓝釉花纹，雅致美观。

马赛克瓷砖
商品名称: 马赛克瓷砖·白
生产厂商: 名古屋MOSAIC工业
施釉的马赛克瓷砖，
独特的光泽和花纹，
给人以古色古香的感觉。

灯具

商品名称: 玻璃灯泡／白色×乳白色
简约素朴的吊灯,
在不经意间点缀着房间。
玻璃有乳白色和透明色可供选择。

梯凳

商品名称: 木质梯凳
进口商: GALLUP
来自曼哈顿老店的折叠式梯凳。
稳固耐用, 古典造型,
独具魅力。

把手

商品名称: 皮革把手
生产厂商: RELAXE
用皮革包裹的把手。
有2种选择, 分别由皮包匠
人和制靴匠人制作。
皮革特有的年代感,
使人心生怀恋。

把手

商品名称: 木制拉手
生产厂商: Camp Design Inc.
水曲柳无垢材制成的拉手,
省去多余的装饰。
越久越有韵味,
逐渐与生活融为一体。

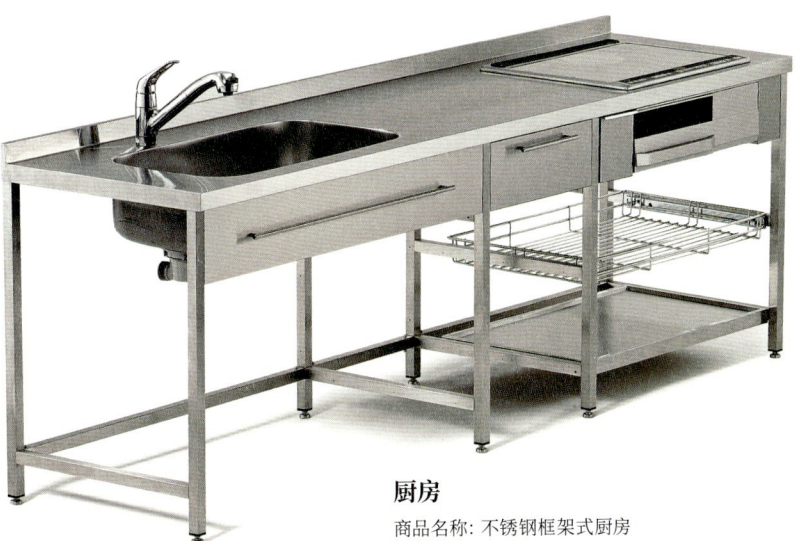

门

商品名称: 二手门
进口商: 保赛利罗
从美国乡村收集而来的木门,
颇具20世纪早中期的情致。
还有玻璃窗和百叶窗。

厨房

商品名称: 不锈钢框架式厨房
生产厂商: 参创HAUTEKKU
全不锈钢材质的框架式厨房。
专业厨房特有的简约造型, 朴素整洁。

涂料

商品名称: BENJAMIN MOORE涂料 (0.9L／罐)
生产厂商: BENJAMIN MOORE
水性涂料, 共有3652种颜色可供挑选,
能够激发出人们自己动手的欲望。
展色性非常好, 初学者也能轻易上手。

宠物狗窝 (非"工具箱"商品)

商品名: 比格犬小屋
产品: 宠物狗窝
为比格犬制作的小窝。
进出时轻微摇晃,
刺激能动性, 使小狗更加活泼可人。

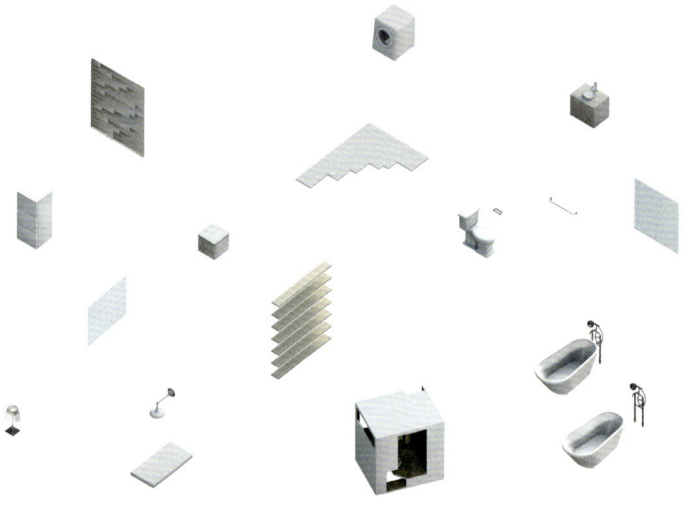

80平方米≒800万日元，打造一个家。

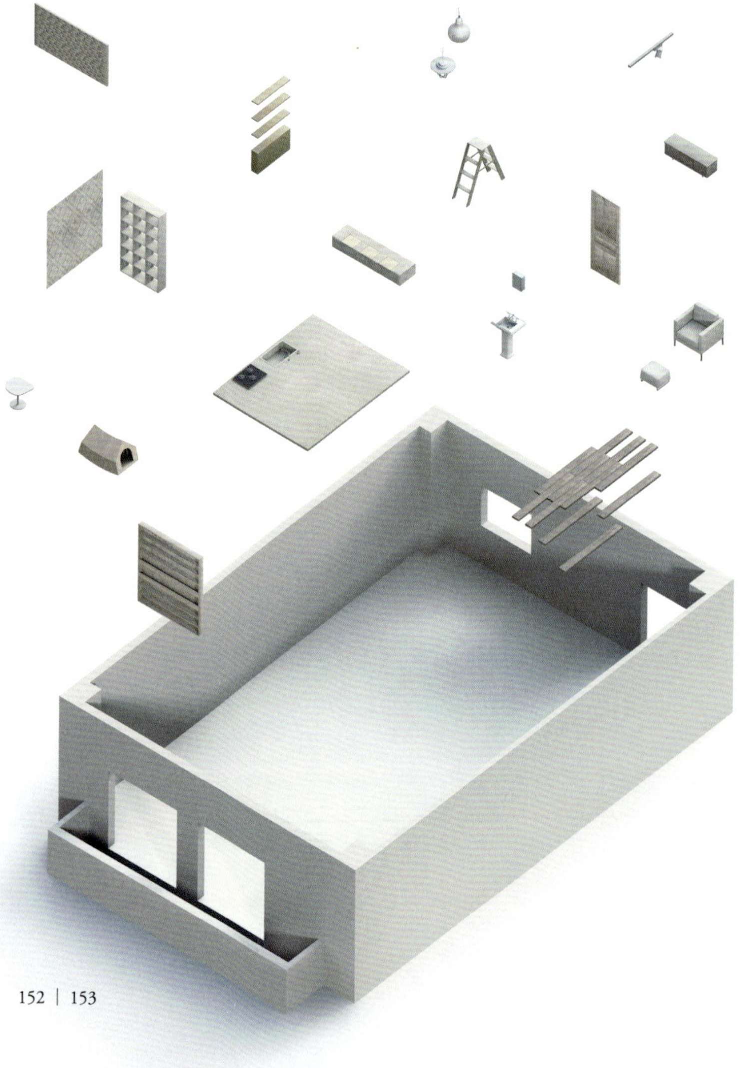

木地板／地板砖	296 000	日元
墙壁／特殊涂饰	589 000	日元
墙壁板材／墙壁瓷砖	93 000	日元
壁纸	21 000	日元
门	157 500	日元
玻璃隔板	525 000	日元
大型拉门	294 000	日元
可移动隔间	493 500	日元
卫生间水平书架	126 000	日元
床头／洗衣机置物架／餐具柜	56 700	日元
洗漱柜	63 000	日元
大号桌	336 000	日元
水槽／厨房水阀／煤气灶	237 000	日元
大型抽油烟机／螺旋风管	184 800	日元
坐便器	105 700	日元
浴缸×2	252 000	日元
淋浴喷头×2	319 200	日元
洗手盆／水阀	94 500	日元
洗脸盆／水阀	211 300	日元
镜柜	46 200	日元
卷纸架	3 360	日元
衣架	9 295	日元
毛巾架	3 200	日元
照明灯具	232 000	日元
材料费　合计	4 749 255	日元
改水改电施工	718 200	日元
内装施工	905 730	日元
设备施工	774 900	日元
现场管理费	850 500	日元
施工费　合计	3 249 330	日元
材料费＋施工费　合计	7 998 585	日元

在初始化的家里，亲身体验编辑工作

我们追求的是住宅尚未建成之前住户对居住空间的创造力。因此，重要的是完善编辑住宅的基础设施和利于编辑的环境，而不是单纯地展示一个产品。住宅的优劣并不取决于高档级别，过去取决于品味的价值观也早已过时。那到底取决于什么呢？是这里面注入并展现了多少原创和创意元素，这是一种乐趣，一种丰富性，也将成为一种新的住宅常识。

此次展览会上，我们将展示住宅的拆解。对于普通人来说，建造一个家，无论是方法还是价格，都会存在不透明的地方。希望可以通过拆分和讲解，让观展者亲自感受到住宅的编辑是近在咫尺的。

我们的关键词是初始化。准备一个空无一物的房屋骨架，营造一个有空隙的生活场景，这与设计师制作的完整空间截然不同。这里特意保留了空隙，请观展者寻找可以融入其中的空间。希望更多人来体验这种亲手打造的居住空间，因为它不只有美观而已。

摘自《东京R不动产2》。
个性打造空间。
左: 摄影师的工作室。
右: 帽子设计师的工作室。

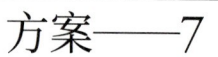

方案——7

编辑之家
EDITED HOUSE

茑屋书店×东京R不动产
RealTokyoEstate

154—159页: 摘自展馆 "编辑之家"

编辑权，转移到住户手中

莴屋书店　增田宗昭 | 文化便利俱乐部 董事长 兼 CEO
MASUDA Muneaki

像挑音乐和衣服一样编辑自己的家

莴屋书店
文化便利俱乐部自成立之初就以
"用书、电影和音乐，
展示新的生活方式"为目标，
2011年，TSUTAYA旗舰店——代官山
莴屋书店赋予它一个全新的形象。
将主要客群设定在团块世代前后的
"高质感世代"，为人们营造了一个安静轻松
的环境。店里常驻知识渊博、
经验丰富的专业"接待人员"，
耐心为顾客提供建议和讲解，
站在顾客的角度上，创造富有价值的产品。

我的关键词是"编辑权转移到顾客手中的时代"。租借CD
和DVD的TSUTAYA为何能普及？并非因为价格便宜。真
正的原因是，很多人不再想听艺术家创作的成果，而开始对
自己的创作感兴趣了。在一贫如洗的时代，提供方掌握着所
有的编辑权。艺术家的每一张专辑都代表着一种世界观，
他们创作歌曲、编排歌曲顺序，制成专辑投放市场，人们从
音像店中获取资源。然而，随着社会变富足，人们的知识结
构越来越丰富，就产生了"以这个艺术家的歌曲开头，以那
个艺术家的歌曲结尾"的想法，试图自己行使编辑权。换言
之，为顾客提供编辑工具，才是TSUTAYA的服务本质。

TSUTAYA的旗舰店
代官山莴屋书店，
于2011年12月开业。

时尚领域也不例外。人们开始摒弃从头到脚的高端品牌，转而
寻找一些必备的配饰，打造个性化的穿搭风格。同样地，人们
也不再满足于成品住宅，而是想按照自己的想法，由自己编辑
居住空间，这一时代已经到来。

摘自《东京R不动产2》。
150平方米的单居室，步行4分钟即可到达涩谷站。
从购买原始状态的箱子开始，
编辑自己的家，打造出一个适合自己的居住空间。

适合自己的生活，才是幸福的原点

从本质上来讲，家是一个遮风挡雨、躲避风险的庇护所。后来出现了集合住宅，虽然可以高效地利用有限的土地资源，却与理想中的居住空间存在天壤之别。在经济高速发展的时代，工作成了人生的轴心，家成了供人睡觉的地方，人们更重视它与公司之间的距离，而不是为了享受人生。泡沫经济崩溃以后，人们发觉公司并不是幸福的来源，幸福需要自己把握，就这样，生活的重心才发生了改变。

用马斯洛需求层次理论来说，人来到无人岛以后，首先会去寻找食物，满足生理需求。然后会用木材搭建住所，满足安全需求，接下来会去探寻村落，这是社交需求。找到村落，成为其中的一员之后，就会萌生成为村落首领的想法，来实现个人价值，这是尊重需求。即使满足了这四项需求，幸福也不会如期而至。因为还需要最后一项，即思考自我生存方式的自我实现的需求。所谓自我实现的需求，就是通过编辑来确立适合自己的生活方式。这是人生中最为高尚的需求。我认为，日本人面向全球最应该做的不是生产或流通产品，而是规划。今年，TSUTAYA迎来了创业30周年，它的运营者——文化便利俱乐部（CCC）自成立以来一直将"企划公司"作为对自己的定义。尽管如此，它的能力范围也是有限的，无法为每一位用户提供服务。直到邂逅了"R不动产工具箱"，他们将住宅的编辑权转交给用户，这个绝妙的创意给了我不小的冲击。于是，我们与东京R不动产联手，提出了生活方式的原点——"居住空间"这一平台。于我来说，是一个难能可贵的机会。

摘自《东京R不动产2》。
对建于战前的日式住宅进行了改装。距离立会川车站步行仅需5分钟。112平方米的宽阔空间，由住户亲手编辑，这种自我价值的实现对于成年人来说是奢侈无比的。

新型土壤和墙面绿化

A NEW SOIL, A NEW GREEN WALL

HOUSE VISION的墙面绿化由三得利MIDORIE负责，

他们曾开发出可以替代天然土壤的功能性人造土壤

——"Puffcal"，一直致力于开辟城市绿化的新局面。

通过使用"Puffcal"的供水系统，绿化效果产生了质的飞跃。

人造空间中的枝繁叶茂不再是天方夜谭，

随着技术的发展，空间和植物将建立起更加深厚的依存关系。

墙面绿化也是共同进化的一环。

花艺家——东信利用这种环境绿化技术，

实际对植被空间进行了设计。

曾出版作品集《植物图鉴》，用异于插花、盆栽、园艺的

新型植物艺术向世界发起了挑战，

他能否凭借锐利蓬勃的才华，突破系统的制约，

从而为居住空间带来郁郁葱葱的植物呢？

在人造空间里，植物能否做到野蛮生长呢？让我们拭目以待吧。

使用三得利MIDORIE的"Puffcal"进行墙面绿化。
在格子状的单元中插入专用幼苗，从最上面一层开始供水。
简洁方便，且能维持优良的蓄水性。
这项技术使都市绿化取得了飞跃性的发展。

无论是陡峭的斜坡，还是垂直的岩壁，植物都能枝繁叶茂。
科技的进步与植物的生态并不对立，
人造空间反而可以帮助植物自由生长，
令其苍翠茂盛，繁花似锦。

与植物共生

东信
AZUMA Makoto

植物艺术家。生于1976年。
2002年开始经营高级定制花店
"JARDINS des FLEURS"。
2005年开始从事花卉雕塑,
探求植物的表现力,
曾在纽约、巴黎、米兰、上海等城市的
美术馆和画廊中举办个展。
2012年开始担任三得利MIDORIE的
创意总监。作品集有《2009-2011花朵》、
《植物图鉴》(合著)、《花与我》。

我手中的切花,为了给人们带去感动而终结了生命。因此,我总是小心翼翼地拿着它们,时常思考顾客装饰或赠予花卉的初衷。我因为工作原因去过的国家,无论多么贫穷,也一定有花店存在,对于视花卉为奢侈品的我来说,这给了我极大的冲击。这样看来,人们赠送花卉并不只是因为它赏心悦目,或许它身上存在着一种人类社会中不可或缺的真理。虽然没有明确的答案,但我们应该不断去探索,这是很重要的。

若将切花的生命换算成人类的年龄,那1天约为人类的10岁,大约10天之后是100岁,然后结束它充盈的一生。我时常想象花蕾从绽放到盛开,然后走向凋落枯萎的过程,将易枯的花和较长寿的花搭配在一起,想象它们各个阶段的美,和它们的枯萎之美。

最近,为了研究切花,我想进一步加深对植物的了解,于是开始栽培植物。在这个过程中,我邂逅了三得利MIDORIE开发的可以替代天然土壤的"Puffcal"。所谓绿化,并不止于建一座公园,在公园道路中央栽种一些植物,而应该将植物种在我们能察觉到的咫尺之间,让人和植物共存共荣。特别是在土地资源有限的城市,墙面绿化可以拉近人和植物之间的距离,产生更大的可能性。

此次,与各位建筑师详谈多次之后,我才着手设计各个空间的绿化。比如,我设计了清新自然的墙面绿化,打造了一个最先进,而又回归原始的卫浴空间。我认为,这不是一个梦境,而是一种必然的趋势。

书籍《植物图鉴》
(2012年)中收录的作品。
切花,意味着终结了的生命,从鲜活到枯萎,再到死亡,这个
短暂的过程,渗透着凝结后的生命的虚幻和对它的执着。

替代天然土壤的新型土壤

三得利MIDORIE　　金山典生 | 董事长
KANAYAMA Norio

三得利MIDORIE
三得利的环境绿化公司
三得利MIDORIE，是在2009年为了传递
"绿化城市"的理念而命名的。
无论是室内还是室外，
为了给城市带来更多的绿色，
三得利MIDORIE利用本公司开发的
新材料"Puffcal"
解决了当下环境变化中出现的各种问题，
构筑了一个环境绿化系统
（墙面绿化、屋顶绿化）。
墙面绿化和屋顶绿化系统是
三得利MIDORIE的核心事业
（"花卉墙""FRAME""绿色屋顶"）。

MIDORIE是三得利的环境绿化品牌。三得利做绿化，或许有些出人意料，但三得利一直以"与水共生"作为企业的理念，选用葡萄、大麦这些纯正的天然素材酿制红酒和威士忌，可以说是得益于自然的馈赠发展至今的。因此，三得利对植物感兴趣是不言而喻的。

我们在研究如何更好地栽培植物的过程中，开发出了可以替代天然土壤的新材料"Puffcal"。在主材料聚氨酯中加入粉碎成细微颗粒的植物，混合发泡后成形。水分在毛细管作用下均衡地渗透其中，而且可以长期保持。与天然土壤相比，"Puffcal"更轻，不存在崩塌或流失的情况，方便进行屋顶绿化和墙面绿化，而且能阻止微生物的繁殖，在室内也可轻松种植绿色植物。

还有一点值得一提，那就是"Puffcal"不仅能够均衡地吸收水分和液体肥料，还能均匀地吸收空气。土壤中的空气含量较多时，植物的根系会更发达，叶子和花的生长速度也会更快。以前只有大面积绿化和20厘米见方的小型壁挂式绿化两种类型，此次我们开发的产品非常薄，实现了中型面积的绿化。今后，人们可以像挑选墙体材料一样绿化住宅外墙和室内墙壁。在维护方面，我们有专业的团队提供周到的服务。

日本人自古以来就把植物和生活巧妙地融合在了一起，今后，即使生活在城市里也不必再用花盆栽种绿植，可以轻松地体验栽培的乐趣。希望通过此次展示为这个世界增添更多的绿色。

"puffcal"的侧面图。
根系遍布土壤，稳固地支撑着植物。
不仅拥有良好的蓄水性，还能为植物的根系提供
更多的空气，这一优点使植物更加枝繁叶茂。

HOUSE VISION 2010—2013

土谷贞雄
TSUCHIYA Sadao

建筑师。生于1960年。
HOUSE VISION发起人。
1985年毕业于日本大学理工学部硕士课程。
取得意大利政府公费留学资格，
前往意大利留学。
2004年入职良品计划的
集团公司MUJI.net。
2008年离职后，
参与成立了良品计划"生活良品研究所"。
2011年创办思考社会课题
和新商业模式的研究会"3×3 Lab"。
现在从事住宅企业的商品开发和业务支持，
通过网站开展问卷调查、咨询服务
以及专栏写作等工作。

HOUSE VISION的诞生

2010年春天，我们以未来生活为主题，启动了这个项目。若能简洁明了地展示未来的生活模式，就能激发新的需求，唤起人们的觉醒，成为日本巨大产业系统中的核心。因此，我们认为不仅需要各个行业的企业，还应该集结活跃在一线的建筑师、创造者，大家汇聚一堂，交流想法。

2011年3月7日HOUSE VISION举办了第1期研究会。不料，4天后的3月11日，日本遭遇了东日本大地震。"我们必须汇集全世界的智慧，重建家园，让东北地区成为未来生活的发源地"——在原研哉先生的这一号召下，我们针对如何汇集智慧、利用智慧收集了信息，整理了意见，提出了具体的实施方案。

相比制造产品，我们更加重视如何把创意体现在社会中，并且实现反哺，这种态度是HOUSE VISION一贯的追求。今后，我们将继续对3·11大地震以及未来的生活展开讨论。

HOUSE VISION研究会

在第1期研究会上，建筑师大野秀敏先生以"东京的未来"为题，阐明了对日本未来社会的一贯主张。关于如何在退缩不前的日本创造未来，他提出了一个方案，即今后的日本将以一个缩小的，而非成长的形象引领世界的步伐。这个提案紧扣HOUSE VISION第1期研究会的课题，是一个非常有深度的观点。

上: 岩手县大槌町 2011年4月16日
下: 宫城县气仙沼市 2011年4月17日

此后，我们每个月都会以城市、环境、能源、社区等多个方面为题举办研究会，与众多企业分享意见。最后集结了接近40位建筑师和有识之士以及20多家企业，一同运营HOUSE VISION。

东京HOUSE VISION研讨会

从2011年10月27日开始，我们召开了为期3天的研讨会，以"用新常识建造家园"为主题，分享了此前研究会的成果，探讨了今后的活动。演讲者以研究会的成员为主，包括一些高瞻远瞩的企业以及20多位建筑师、创造者，通过演讲、对话、座谈会、创造者与企业的大讨论等各种形式交流意见。建筑师内藤广先生在第2天的发言给我留下了深刻的印象。他说，日本的生活将以3·11大地震为契机快速改变，从人口增长时期的分工化社会，转变为人口缩减时期的整合型社会。随着独居者越来越多，"家"这个社会单位将逐渐消失，而社区越来越重要。我们必须以聚居为前提思考家的存在形式。如何让家脱离"屋"，成为"家"——心灵的故乡，将成为我们今后的课题。对于退缩不前的日本来说，今后需要的并非设定一个具体的目标，而是对"何谓未来生活"这个问题进行不断思索。

亚洲 HOUSE VISION

2011年，我们开始拓展到亚洲各国。不是为了输出日本的住宅产业，而是为了和各国朋友一起思考本国的未来，讲述日本的失败经历和技术经验，引导人们思考全新的未来。亚洲各国的高层们怀抱明确的愿景，认识到近代化即西洋化的模式并非构筑未来之家的途径，本国的传统文化和美学意识才是。

2011年夏季，我们对中国的家庭展开访问调查，与有识之士

研讨会第一天

研讨会第二天

研讨会第三天

2011年10月27—29日的3天期间，
参加过研究会的各位建筑师、企业负责人，
在东京青山举办的研讨会上，
就未来之家、未来城市进行了演讲，展开了讨论。

交流了意见。我们以北京为据点，又将调查范围扩大到了上海、武汉和深圳。对于城市住宅短缺的问题，中国政府制订了5年之内提供3600万户住宅的计划。在速度如此惊人的开发过程中，如何确立优质住宅的判定标准？我们对此展开了讨论。

此外，我们还通过网络做了定量问卷调查，针对中国人生活观念的变化收集了数据。通过调查我们发现，中国人迫切希望改善卫浴条件，对卫生的需求发生了极大的改变，还有回家后脱鞋的变化非常明显。面对住宅极度短缺的问题，如何构筑适合中国人的未来生活模式？未来，中日两国很可能共同面临这个问题。

2012年3月2日，我们在北京举办了研讨会，中国的建筑师、住宅学者和日本的建筑师、评论家、企业人士都参加了会议。研究会仍在继续，而我们还在印度尼西亚、印度等地开展了新的活动。

HOUSE VISION的未来

此次展览会，是我们各项活动的一个里程碑。但是，这并非终点。

从2012年12月开始，我们将以本书中提到的"未来生活研究会"为轴心，进一步研究如何将企业技术高效地应用到未来的生活中。另外，我们还在筹备"未来生活研究会"的网络平台，实时发布活动内容，增加同住户交流分享的途径。大到城市和交通问题、开发方法、对共享和社区的观点，小到厨房和浴室的样式，我们将一一使其变为现实。

另外，基于此次展览会的成果，今后我们会在亚洲范围内举办小型的巡回展，同时在各地开展讨论会或长期研究会。无论是在日本还是其他的亚洲国家，我们都将和当地的企业、建筑师们展开具体的合作。

中国 HOUSE VISION 网络问卷调查结果

关于住宅和生活

您回家后会换鞋吗?
(单项选择)

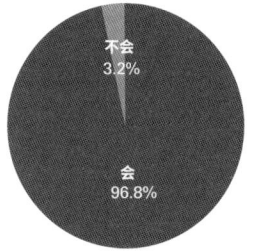

不会
3.2%

会
96.8%

有鞋柜吗(单项选择)

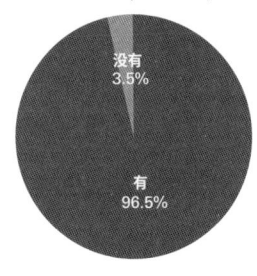

没有
3.5%

有
96.5%

请在最符合的选项上画○。
(回答"非常赞同""基本赞同"的比例)

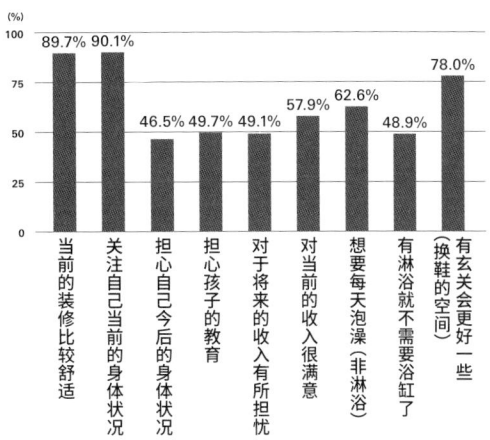

(%)								
89.7%	90.1%	46.5%	49.7%	49.1%	57.9%	62.6%	48.9%	78.0%
当前的装修比较舒适	关注自己当前的身体状况	担心自己今后的身体状况	担心孩子的教育	对于将来的收入有所担忧	对当前的收入很满意	想要每天泡澡(非淋浴)	有淋浴就不需要浴缸了	有玄关会更好一些(换鞋的空间)

关于用水场所的空间布局

请选择您认为最好的用水场所的空间布局。

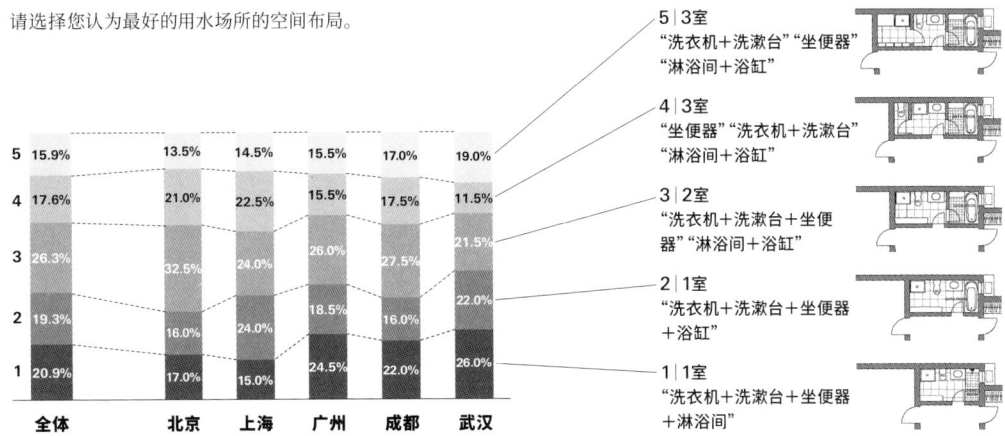

5│3室
"洗衣机+洗漱台""坐便器"
"淋浴间+浴缸"

4│3室
"坐便器""洗衣机+洗漱台"
"淋浴间+浴缸"

3│2室
"洗衣机+洗漱台+坐便器""淋浴间+浴缸"

2│1室
"洗衣机+洗漱台+坐便器+浴缸"

1│1室
"洗衣机+洗漱台+坐便器+淋浴间"

	全体	北京	上海	广州	成都	武汉
5	15.9%	13.5%	14.5%	15.5%	17.0%	19.0%
4	17.6%	21.0%	22.5%	15.5%	17.5%	11.5%
3	26.3%	32.5%	24.0%	26.0%	27.5%	21.5%
2	19.3%	16.0%	24.0%	18.5%	16.0%	22.0%
1	20.9%	17.0%	15.0%	24.5%	22.0%	26.0%

2011年9—11月,为了调查中国住宅的现状和人们的观念,
我们在北京、武汉、上海、广州、成都5座城市做了访问调查。
还通过网络平台发放了1000份问卷调查。
通过调查,我们发现中国人的卫生观念发生了显著的变化。

HOUSE VISION 2012 北京研讨会

2012.03.02 | 周五 | 10：00—19：00

会场	北京大学百年纪念讲堂2楼 多功能厅
演讲者	中国 3名　日本 6名
申请观众	400名以上
会场座位数	280个

主题1　中国的住宅情况

演讲　**中国住宅隔断类型的变化及其因素**
周燕珉 | 清华大学建筑学院教授

构筑现代住宅
王昀 | 建筑师、北京大学副教授

中国的精装住宅潮流
张静 | 高级室内建筑师
中国建筑装饰集团设计研究院环境建筑规划设计院院长

总结　村松伸 | 综合地球环境学研究所教授

主题2　日本的经验

演讲　**日本集合住宅的变迁**
泷川光是 |
城市再生机构(UR城市机构)技术研究所
环境技术研究团队负责人

建筑师们的住宅史
植田实 | 编辑、建筑评论家

单居室住宅的历史趋势
难波和彦 | 建筑师、东京大学名誉教授

东京改造
马场正尊 | 建筑师、Open A负责人、东北艺术工科大学副教授

原始的未来（Primitive future）
藤本壮介 | 建筑师、东京大学特任副教授

讨论　周燕珉、王昀、难波和彦、村松伸、原研哉、土谷贞雄

小型演讲　**中国对现代主义的接受**
村松伸 | 综合地球环境学研究所教授

展示图

居住的未来——思考令人眷恋的未来之家

骊住 ×伊东丰雄

8680毫米×15000毫米
130.2平方米（观展连廊除外）

家的一半以上都是半露天空间。
这里有檐廊、土间，
配有围炉、浴缸、条凳和卫生间。
高气密性的空间里也有厨房，
温暖的日子里，或在土间烹饪美食，
或围着篝火，度过美好的生活时光。
可高精度控制气密性和隔热性的地窖一般的空间，
接着是稍稍对外开放的居住空间，
还有室外的半露天土间，
再往外就是完完全全的室外了。
分层次地在室内外之间创造了一个半露天空间，
根据季节和情况转移生活环境。
巧用日本人古老的生活智慧，
打造一种低能耗住宅。

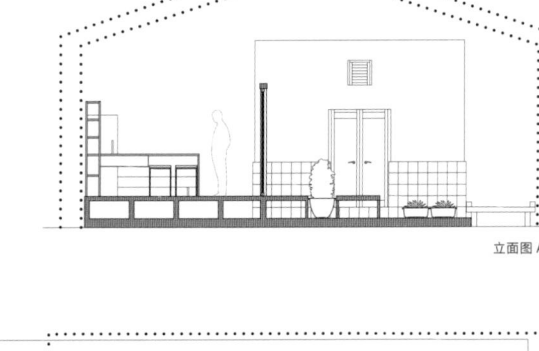

立面图 A-A'

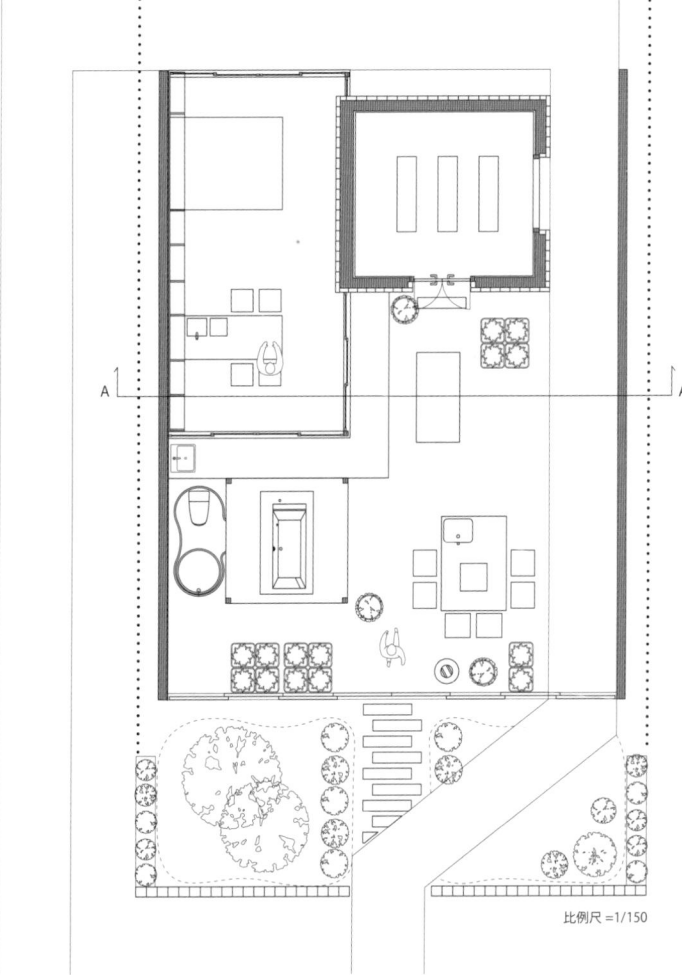

比例尺 =1/150

出行与能源之家

本田×藤本壮介

20516毫米×10000毫米
205.16平方米（包含观展连廊）

三层结构交织成一个家，
将室内和室外连在一起。
具备一个将太阳能发电
和燃气发动机－废热发电
产生的能源进行无缝式循环利用的系统。
蓄积的电力也可用来为
体重支撑型步行辅助器、
微型电动汽车等
多种多样的个人移动工具充电。
以家为轴心，无缝式连接能源、
交通工具、生活和街区。

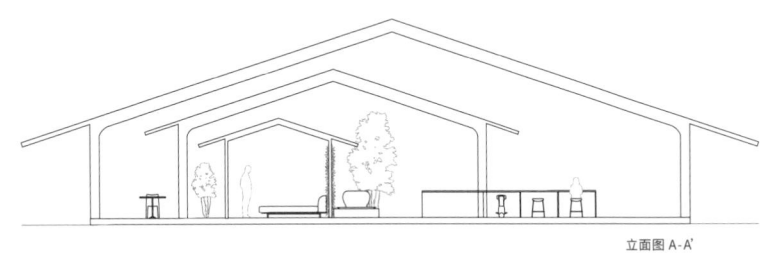

立面图 A-A'

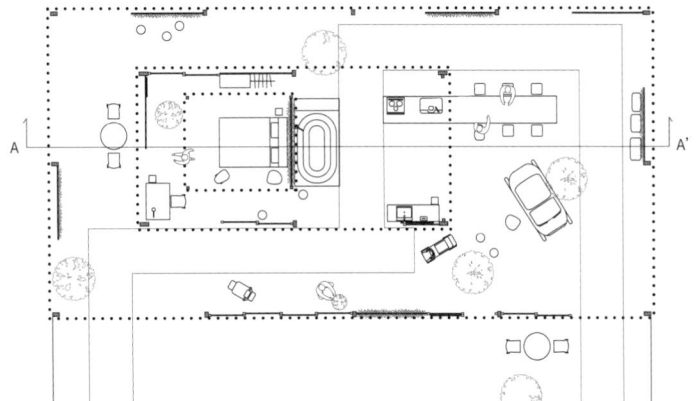

比例尺 =1/250

展示图

地域社会圈——培养生活智慧的居住环境
未来生活研究会×山本理显、末光弘和、仲俊治

展示1/5尺寸的模型。
设想一个500人规模的住宅，
以4800毫米×4800毫米×5200毫米的
立方体为一个单位，将单元重叠起来，
人们自由选择居住形态，在此生活。
把居住空间和工作场所结合起来思考，
并导入能源、福祉、相互扶持、交通等居住系统。
在广场的公告板和每个住户的家中，
都利用高科技来分享社区内的信息，
显示住户的健康和行为数据。
还配备了办公室和
名为"微型餐厅"的共享厨房兼餐厅，
提出"共享社区"的概念，
替代传统的"一处住宅=一家人"模式。

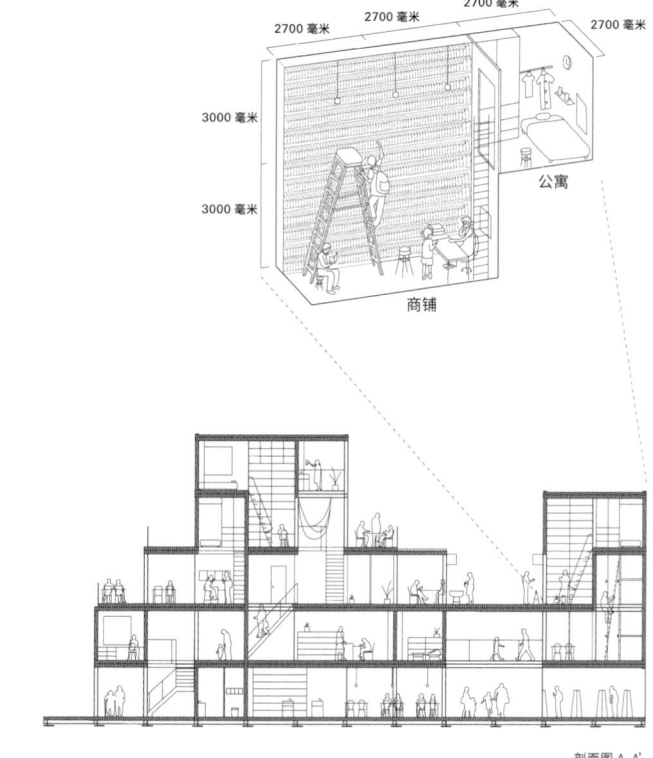

公寓

商铺

剖面图 A-A'

A

A'

3F

比例尺 =1/400

风雅之家

住友林业×杉本博司

大厅: 6500毫米×12000毫米
面积: 78.0平方米
茶室: 3.3平方米

在大厅和茶室两座建筑里, 设计了三处"待客"空间。
大厅里有高吧台, 榻榻米上有矮凳和餐桌。
茶室源自国宝级茶道大师——千利休的"待庵",
打造出一个现代风的茶室"雨听天"。
墙壁未完工, 呈现竹条的状态,
屋顶铺设锈迹斑斑的铁皮。
应用并诠释了各种各样的材料,
实现了一种现代意义上的风雅。
大厅拉门仅由中框构成, 展现了细腻微妙的风情。
桌子选用日直纹扁柏, 桌脚用的是光学玻璃。
入口正面排列着竹帚, 打造了一面"篱笆墙",
妙趣横生的材料随处可见。

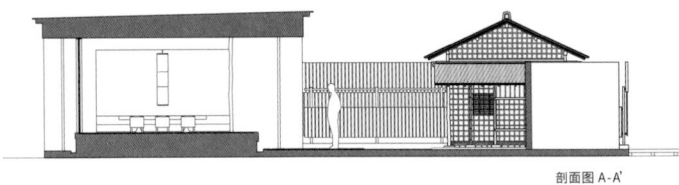

剖面图 A-A'

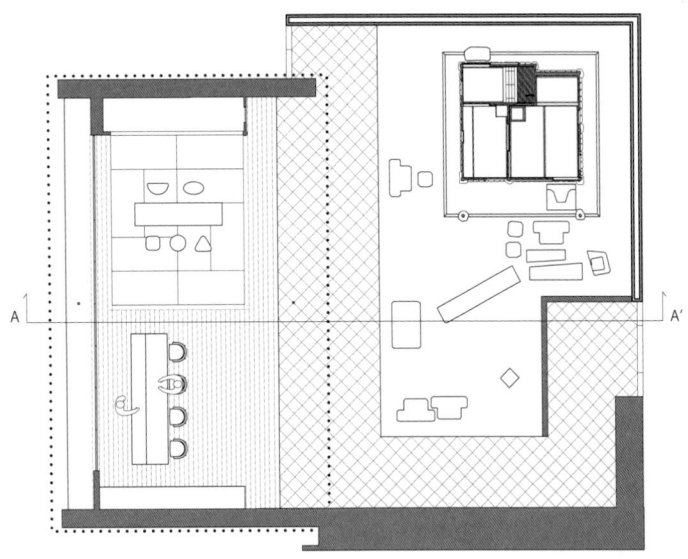

比例尺 =1/200

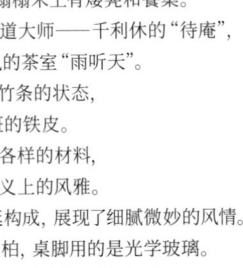

展示图

家具之家

无印良品×坂茂

10800毫米×10800毫米
116.64平方米（包含观展连廊和室外露台）

家具成为支撑建筑的结构。家具合二为一，
家具壁成为支柱，化身支撑建筑的结构。
家具均由无印良品提供，
统一模块化产品，整齐划一。
从小物件到服装、杂货、家电产品，
整个住宅都是以一个尺寸系统构成的。
下方是宽阔的露台，巨大的屋顶陡然伸出，
用纤细的铁架支柱支撑着。
墙壁和窗口、屋顶这一明快的
结构与整体设计搭配得相得益彰。

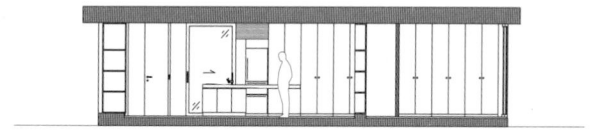

剖面图 A-A'

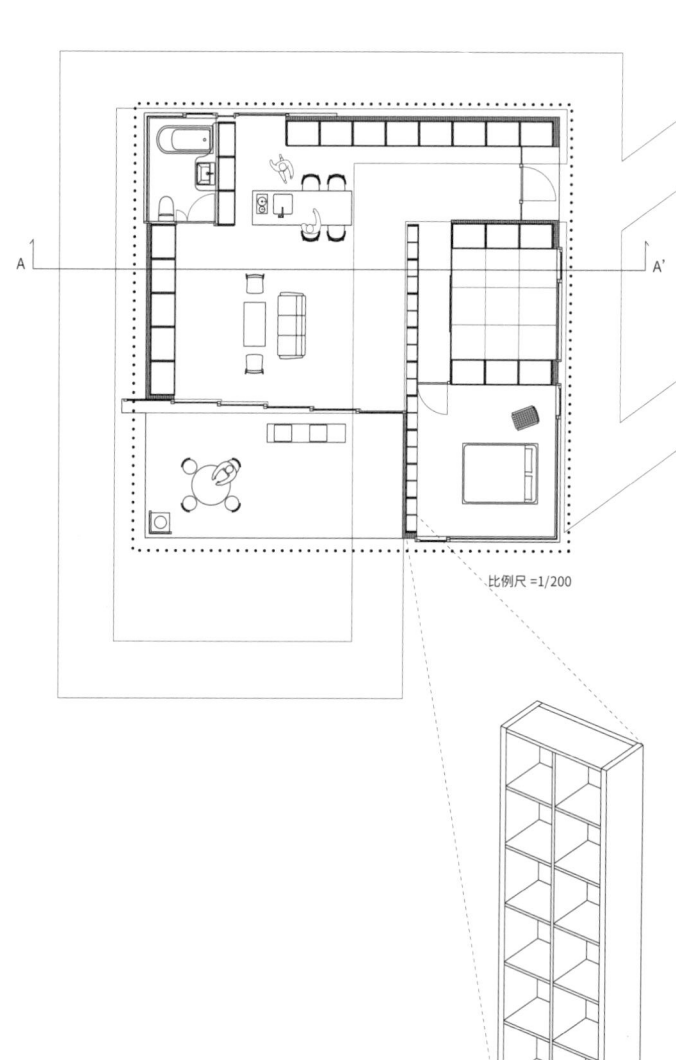

比例尺 =1/200

家具 = 构造

极致空间

TOTO、YKK AP×成濑友梨、猪熊纯

洗面处: 1890毫米×1890毫米、3.57平方米
卫生间: 2480毫米×3070毫米、7.61平方米

墙壁、底板、天花板都设置了较大的开口,
室内形成两个绿植覆盖的空间。
一个是卫生间,
另一个是有洗漱台的盥洗室。
坐便器和洗漱台不是置于地面上,
而是嵌在墙里。
玻璃地板下, 还有一片绿植,
仿佛飘浮在绿荫之中。
墙壁上覆盖着三得利MIDORIE提供的
栽培单元, 背景音乐播放着JVC
高解析音质的乐曲,
心里又增添了一分舒畅感。
从天花板上打开的窗口,
可以仰望天空, 最日常的空间,
升华至一个极致清净的非日常空间。

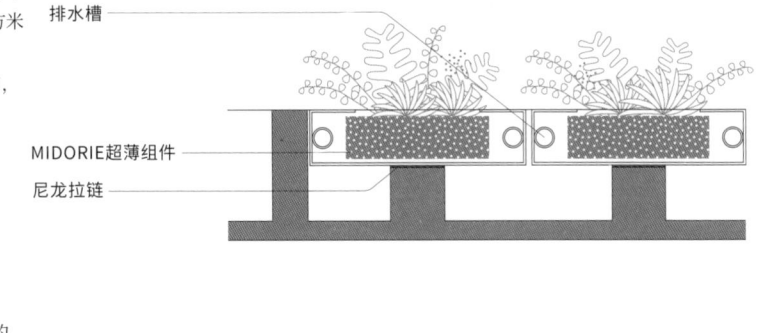

排水槽

MIDORIE超薄组件

尼龙拉链

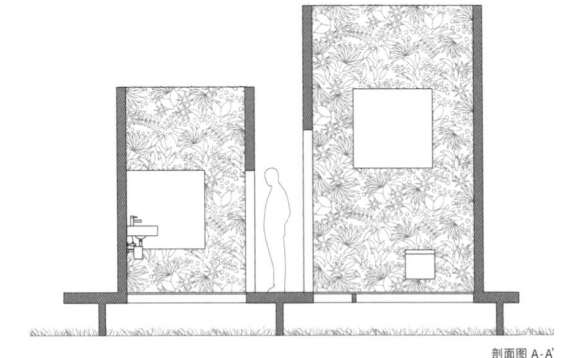

剖面图 A-A'

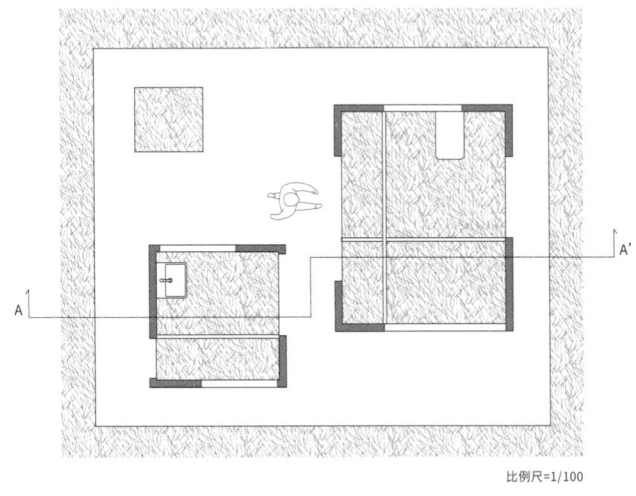

比例尺=1/100

展示图

编辑之家

茑屋书店×东京R不动产

11300毫米×7680毫米
86.7平方米

展示一个基于80平方米骨架的改造方案。
一个大餐桌, 兼具厨房的功能,
是全家欢聚一堂的宽敞平台。
浴室里有两个浴缸和沙发,
赋予客厅功能,
可以在这里悠然自得地看电影。
在浴室和厨房之间,
有一个可移动的书房单元,
可以集中精神, 享受独处时光。
墙壁上有大小各异的开口,
可收纳坐便器、食品柜和床铺。
壁橱式的房间, 宛如家中一处隐居之所。
根据生活特色自由编辑的空间延展开来。
穿过展厅, 对面的空间展示了
实际改造时的模拟报价
以及编辑所用的建材和器具。

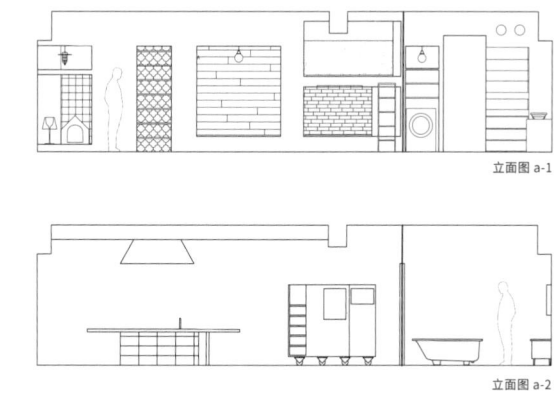

立面图 a-1

立面图 a-2

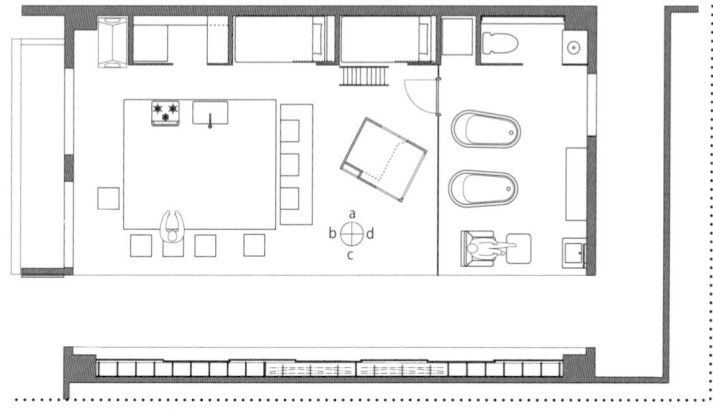

比例尺 =1/150

会场构成

隈研吾

全长151米
面积1527.18平方米
活动会场455.40平方米

整体截面由10.5厘米的立柱组合而成。
将建筑中最常用的木材组合在一起，
从制造一个小立方体，
到构建一个广阔的空间，
实现了一个功能强大的系统。
在共享空间构成书架和墙壁，
在入口处化身大门，
在展廊又摇身一变成了地板，
同时还用在扶手和长凳上。
展廊全长150米，
在通道和展厅之间，通过调整高度，
丰富空间的变化，衬托每一个展厅。
木材之间有时填满了植物，
展示城市中绿化的新方案。

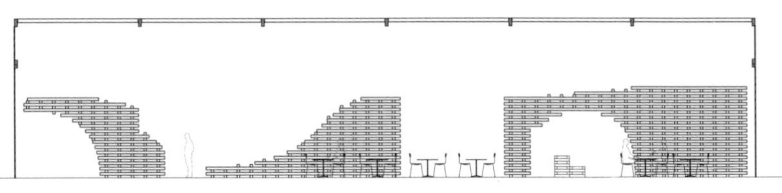

剖面图 A-A'

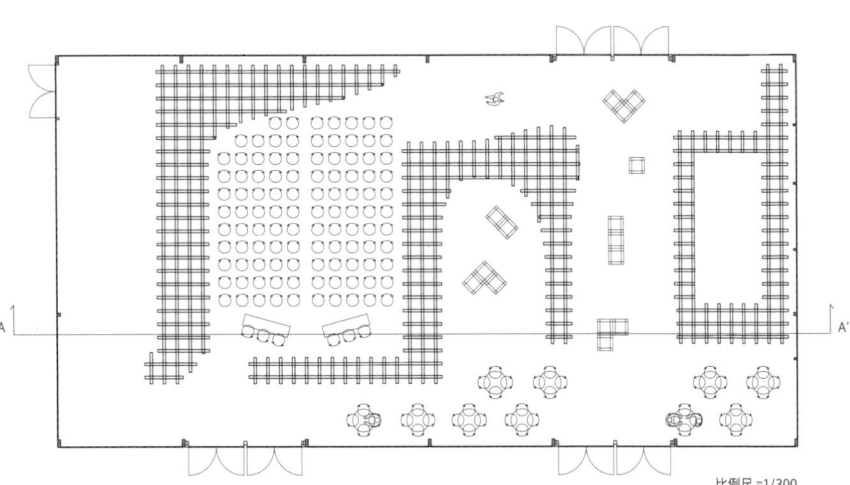

比例尺 =1/300

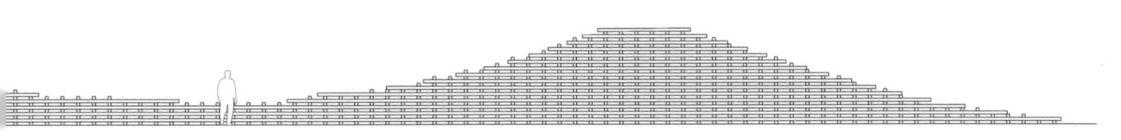

比例尺 =1/250

展示图

结束语

原研哉
HARA Kenya

生于1958年。
设计师、日本设计中心负责人。
武藏野美术大学教授。
HOUSE VISION发起人。
站在独特的视角上企划、举办了
"RE DESIGN"和"HAPTIC"等展览，
以此唤醒日常生活和人们的感觉中
潜藏的设计的可能性。
设计了长野冬奥会的开幕式、
闭幕式的节目纪念册，
爱知世博会的官方海报。自2002年开始，
成为无印良品顾问委员会的一员。
曾获东京ADC金奖、
每日设计奖、龟仓雄策奖、原弘奖、
世界工业设计Biennale大奖等多个奖项。
近年来举办了"东京纤维"展、
"日本车"展等，
致力于向全世界展示日本工业的潜力。
2011年，以北京为起点举办中国巡回个展。
著有《设计中的设计》，荣获三得利学艺奖。
作品被翻译成多国语言广泛传播。

若隐若现的VISION

我是从2004年左右开始意识到"家"的，因工作关系邂逅了慈照寺（银阁）的同仁斋。书院式建筑，被称为日式建筑的源头，隔扇和拉门编织出一个素朴无华的小宇宙。打开寝榻深处的拉门，一座庭园的轮廓映入眼帘，修整得细致入微。最打动我的不是它的美轮美奂，而是精心修饰这种美的精神。当时感觉仿佛回到了细腻而简洁的审美观的源头，我开始认真思考，未来才更应该利用传统。

同时，科技日新月异，当中蕴藏着改变日本居住空间的潜力。2007、2009年分别在巴黎和米兰举办了"SENSEWARE"展览，着眼于日本的高科技纤维，探求了创造环境的可能性。当时，我意识到科技能够捕捉到日本人细腻精密的感受性，在生活文化的前线结出丰硕的果实。

得益于这些经验，我开始思考，在成熟的科学技术和审美意识的交汇处，日本工业具有什么可能性。结果就是，今后的日本必须探索如何创造无形的价值，而非单纯的产品。其实，这并不是水中捞月之事。不如说，日本原来就蕴藏着这种可能性，而现在到了开花结果的时期。

幸喜"HOUSE VISION"吸引了众多高瞻远瞩的企业和建筑师、创造者，从第一届开始就展示了丰富多彩的内容。借此向大家的理解和协助表示由衷的感谢。最后，衷心感谢企划协调人土谷贞雄先生，一直在幕后默默无闻地支持企划工作。衷心感谢NDC原设计研究所的全体工作人员。在大家的共同努力下，展示了VISION若隐若现的曙光。

慈照寺（银阁）、东求堂同仁斋。

插图鸣谢

摄影

青木大（日本设计中心）
——008下, 102

池田晶纪
合作＝太田出版《东京R不动产2》
——148, 153, 161, 163

池内功和写真事务所
合作＝泰文馆（"居住。"No.37）
——028－029

石元泰博
©高知县　高知县立美术馆收藏
合作＝六耀社
——004, 006

伊藤彰浩
——041, 056－057

上田义彦
合作＝良品计划
——189

远藤匡（日本设计中心）
——088

小原清／VIDA／AMANA GROUP
合作＝朝日新闻出版
——008上

关口尚志／VIDA／AMANA GROUP
合作＝骊住
——042左
合作＝良品计划
——107, 110-111

TSUBAKURO
合作＝泰文馆（"居住。"No.24）
——027

砺波周平
合作＝泰文馆（"居住。"No.31）
——031

日本设计中心
——015, 033（合作＝小布施堂 天明藏），
178－179

原研哉
——173

平井广行
合作＝坂茂建筑设计
——108

细川类（日本设计中心）
——045（TOWNWALKER, UNI-CUB）
047, 049
（合作＝武藏野美术大学图书馆），
051（合作＝LATTEST, Inc.），
059左・中, 061, 144－145, 149－151, 171

美马英二（日本设计中心）
——087, 089, 127, 129, 130-131, 175

安永 KENTAUROS／匙
——113・120・122（合作＝良品计划），
119, 154－159

Iwan Baan
合作＝藤本壮介建筑设计事务所
——048

Nacasa&Partners Inc.
——017, 019－023, 034－039, 042右, 043,
052－055, 063, 067, 069, 071, 073－077,
114－118, 160

Shiinoki
——134－139, 141, 143, 165－167, 169
［合作＝AMKK（东信、花树研究所），
青幻舍］

©Hiroshi Sugimoto
——091－099, 101, 103

插图提供

伊东丰雄建筑设计事务所
——026

住友林业
——100

东京R不动产
——147

坂茂建筑设计
——112

藤本壮介建筑设计事务所
——050

本田技研工业
——045（HSHS, MICRO COMMUTER
CONCEPT, MOTOR COMPO,
体重支撑型步行辅助器），
058, 059右, 060

良品计划
——109, 121, 123

罗姆
——082

展览鸣谢

展览指导　原研哉

企划协调　土谷贞雄

主办　HOUSE VISION执行委员会

制作·推进　日本设计中心 原设计研究所

后援　经济产业省、国土交通省、环境省

参加企业　骊住、本田、住友林业、无印良品、TOTO、
YKK AP、茑屋书店、MEC eco LIFE（三菱地所集团）、
三井不动产RESIDENTIAL、野村不动产、东芝、罗姆、
KDDI研究所、三泽房屋、日本立邦、昭和飞行机工业

会场构成　隈研吾

立体绿化　三得利MIDORIE

家具　Cassina ixc.

展示、会场搭建　TSP太阳、住友林业（主廊）

营业店铺　代宫山茑屋书店、星巴克日本、
源太郎荞麦面

印刷　sunMcolor

用纸　竹尾

摄影　Nacasa & Partners Inc.

宣传　夏目康子（Lepre）

CG　桥本健一

合作　"居住的未来——思考令人眷恋的未来之家"
家具: Cassina ixc.、无印良品、
Carl Hansen & Son Japan K.K.、ALESSI
液晶显示器: 东芝
涂料: 日本立邦
灯光: 山际、阴翳 IN-EI ISSEY MIYAKE
环境概念: 和田隆文（环境工程）
景观协调: 山崎诚子（GA Yamazaki）
造型（小物件）: 作原文子

"出行与能源之家"
立体绿化: 三得利MIDORIE
浴缸（2012米兰国际家具展型号）、洗漱台、水阀五金、镜子、
水槽、电磁: 骊住
家具、杂货: Cassina ixc.、无印良品
液晶显示器: 东芝
涂料: 日本立邦
水阀五金: RELIANCE
照明规划: SIRIUS LIGHTING OFFICE
动画简介: 浅冈小百合
植物空间设计: 东 信
造型: 作原文子

"地域社会圈——共享社区"
液晶显示器: 东芝
涂料: 日本立邦
展板: FRAMEMAN
1/5模型制作: WELLS、HAGI STUDIO
家具模型: 藤森泰司工作室、BENA

人物模型插图: 鸭井猛
看板: 庵村设计事务所
影像: 山田杏里、I TOON ANIMATION STUDIO
灯光: 冈安泉照明设计事务所

"风雅之家"
施工: 住友林业
茶室: 小田原文化财团、三协立山、大金工业、
神岛化学工业、美水、越井木材工业、CODOMO ENERGY、
HIRATA TILE、AICA工业
茶室施工: 水泽工务店
造园: 麻布植祐
插花: 慈照寺 花方珠宝

"家具之家"
施工: MUJI.net
卫生间、水槽: TOTO
浴缸: 骊住
水槽、水阀: CERA TRADING
造型: 冈尾美代子

"极致空间"
立体绿化: 三得利MIDORIE
MIDORIE超薄组件固定（尼龙拉链）:
YFPS
音响: JVC(Victor Entertainment)
涂料: 日本立邦
植物空间设计: 东信

"编辑之家"
室内装饰材料: 伊藤忠建材、WOODPRO、KASUKO、
GALLUP、CROCO ART FACTORY、
COMPLEX、佐贺县陶器工业协同组合、SINCOL、
关原石材、大和涂料、TATAMO、TOLI、
Tree House Creations、deccense、名古屋MOSAIC工业、
西粟仓·森学校、日本立邦、THE HUB、PYRAMID、
BLUE BIRDS DESIGN、BENJAMIN MOORE、
PORTER'S PAINTS、BOARD、MAGNET JAPAN、
输入壁纸有限会社WA、LIVES、WALPA
配件: 樱花园、Orne de Feuilles、KANAGUYA、
Camp Design inc.、青作舍、DRAWER、
Pacific Furniture Service、BOLTS HARDWARE STORE、
BOISERIE、松下工作所、三村悠、RELAXE
设备: Womb brocante testis、大谷制陶所、
GROHE JAPAN、KOHLER、参创HAUTEKKU、大光电机、
TOTO、TOTO MTEC、TSUKASA建设、桧创建、
FUNENODENKIYA日东电机、本间电气
家具、工艺品: andLIGHT、伊千吕、UMELOIHC、
四万十町森林组合、NOTCHO'S WORKSHOP、Noritake、
PIT STOCK、HIROZU工业、MARINE LIFE、
无印良品、山一商店、"©Yuichi Higashionna／Courtesy:
Yumiko Chiba Associates"
施工: ANGULO、濑尾商店、T-plaster、
中村涂装工业所、ROOVICE
造型: 田中美和子

主廊、活动大厅"PAROLE"
家具: 无印良品
木材: 住友林业、CODOMO ENERGY

图书在版编目（CIP）数据

探索家 . 1，家的未来 2013 / （日）原研哉，日本
HOUSE VISION 执行委员会编著；张钰译 . -- 北京：中
信出版社，2018.9
　　书名原文：HOUSE VISION 2013 TOKYO EXHIBITION
　　ISBN 978-7-5086-9472-6

　　Ⅰ . ①探… Ⅱ . ①原… ②日… ③张… Ⅲ . ①建筑设
计—作品集—日本—现代 Ⅳ . ① TU206

中国版本图书馆 CIP 数据核字（2018）第 208313 号

探索家 1——家的未来 2013
编　　著：[日] 原研哉　日本 HOUSE VISION 执行委员会
译　者：张　钰
出版发行：中信出版集团股份有限公司
　　　　　（北京市朝阳区惠新东街甲 4 号富盛大厦 2 座　邮编　100029）
承 印 者：北京雅昌艺术印刷有限公司

开　　本：787mm×1092mm　1/16　　印　张：12　　字　数：198 千字
版　　次：2018 年 9 月第 1 版　　印　次：2018 年 9 月第 1 次印刷
京权图字：01-2018-6347　　　　　广告经营许可证：京朝工商广字第 8087 号
书　　号：ISBN 978-7-5086-9472-6
定　　价：108.00 元

编排设计　　原研哉、日本设计中心原设计研究所
文案　　　　原研哉、土谷贞雄、大山直美、日本设计中心
计算机绘图　桥本健一
编辑协力　　关口秀纪、吉田真美（日本·平凡社）

日本HOUSE VISION执行委员会

委员会的主旨是把"家"定义为多种产业的交点，希望激发日本产业新的活力。在原研哉的建议下，以土谷贞雄及日本设计中心原设计研究所为核心，HOUSE VISION执行委员会自2010年开始活动，并在日本和中国举办了研讨会。2013年举办了第一场"HOUSE VISION 2013 TOKYO"展会，通过7栋建筑，对家的未来做出了展望。

日本设计中心原设计研究所

1991年成立，是日本设计中心的独立设计部门，由原研哉统一管理。在保留了传统设计事务所功能的同时，还致力于挖掘和推动有社会潜在可能性的设计项目。在HOUSE VISION项目中负责企划、制作以及运营管理。

HOUSE VISION 2013 TOKYO EXHIBITION制作组

总指挥　　　　原研哉
策划运营总监　松野薰
宣传制作统筹　井上幸惠
推进管理　　　锅田宜史、森田瑞穗
制作、推进　　平面设计：三泽遥、佐野真弓、驹泽智子、佐佐木那保子、
　　　　　　　冈崎由佳、宫田真清
　　　　　　　出版物设计：中村晋平、大桥香菜子
　　　　　　　网络、影像：斋藤裕之、泷见壮平
　　　　　　　灯光：矶目健、吉冈奈穗（日本设计中心土谷制作室）
　　　　　　　照片：美马英二